事物的看法解密

［日］翡翠小太郎 / 著

佟凡 / 译

天津出版传媒集团

天津人民出版社

图书在版编目（CIP）数据

事物的看法解密 /（日）翡翠小太郎著；佟凡译
. -- 天津：天津人民出版社，2020.11
ISBN 978-7-201-16459-5

Ⅰ.①事… Ⅱ.①翡… ②佟… Ⅲ.①思维方法
Ⅳ.① B804

中国版本图书馆 CIP 数据核字 (2020) 第 180828 号

INU NO UNCHI WO HUNDEMO KANDO DEKIRU HITONO KANNGAEKATA
by HISUI KOTAROU

Original Japanese language edition published by SHODENSHA Publishing Co.,Ltd. .
Simplified Chinese translation rights arranged with SHODENSHA Publishing Co.,Ltd.
through Lanka Creative Partners co., Ltd. and Rightol Media Limited.

本书简体中文版权由北京鼎文出版传媒有限公司取得
著作权合同登记号 图字：02-2020-269 号

事物的看法解密
SHIWU DE KANFA JIEMI

出　　版　天津人民出版社
出 版 人　刘　庆
地　　址　天津市和平区西康路 35 号康岳大厦
邮政编码　300051
邮购电话　（022）23332469
电子信箱　reader@tjrmcbs.com

责任编辑　杨　芊
装帧设计　末末美书

印　　刷　天津中印联印务有限公司
经　　销　新华书店
开　　本　880 毫米 ×1230 毫米　1/32
印　　张　5
字　　数　90 千字
版次印次　2020 年 11 月第 1 版　2020 年 11 月第 1 次印刷
定　　价　45.00 元

所有事情都没有纯粹的好与坏，它们是“0”，是中立的。同理，这个世界上也不存在纯粹的幸与不幸。只要基于这种想法，改变对事物的看法，就能改变一切。

——小林正观（心理学博士）

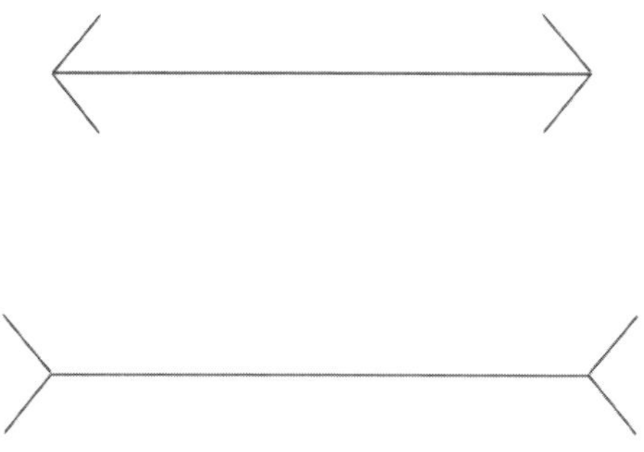

缪勒·莱尔错觉

首先，请看这两条线，你觉得哪条线更长？是不是觉得下面这条明显比上面长？

然后，请用尺子量一量吧，你会发现，这两条线其实完全一样长。

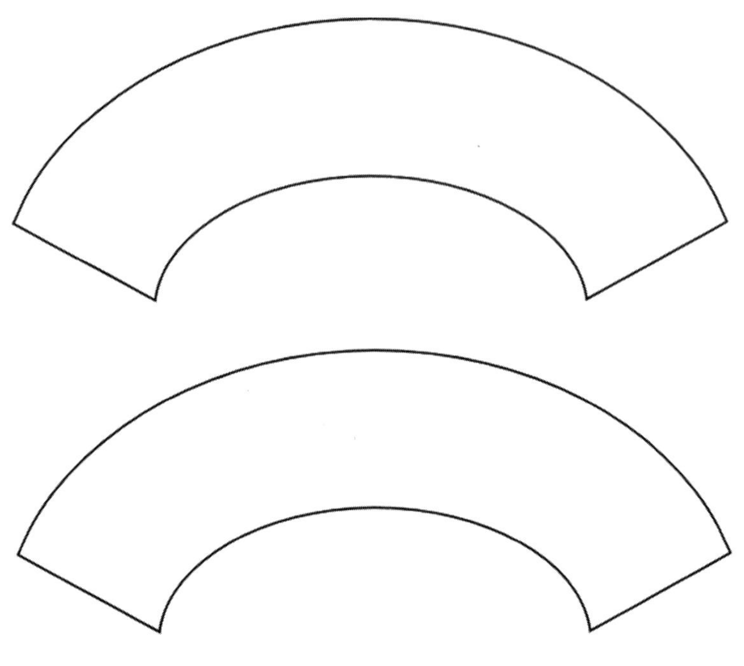

贾斯特罗错觉

你觉得这两个图形哪个更大？是不是觉得下面这个明显比上面大？

不过实际上，这两个图形大小完全一样。单凭眼睛看你可能不信，但是剪下来一对比，你就会发现真的完全一样。

看过刚才的两组插图后，你有什么感受？是的，你以为正确的东西也许并不正确。很多时候，你无法看到事物真实的样子。

但是我在这里可以断言，这种不严谨的认识并不是不好的。因为人并不是为了看到正确的事物而活的，更何况真正看清一件事物也许至少需要 100 年吧？所以，你只要将它往好的方面想就可以了。

那具体应该怎么做呢？

其实很简单，不要去看“正确”的东西，选择能让自己“开心”的角度就好。

就像摄影师为了拍出自己想要的风景，自由选择镜头一样。相机的镜头有很多种，同样的风景通过不同的镜头展现出来，完全就是不同的世界。我们完全可以选择自己想要的“镜头”。

面对难过的事情，有人只将它看作“不幸”。但是不幸中同样隐藏着幸福，总有一种角度可以看到不幸背后隐藏的“希望”。

我将为你奉上的这本书，将让你在“观察事物”时拥有更多选择。也就是说，这本书能让你的思想更加自由，能帮你更自由地遨游于这个世界。

序 言

对 13 分卷子的理解

在我儿子上小学低年级的时候。

有一次，我看到他在学校的作业本上写着：3+7=7。

算数中绝对不能出现 3+7=7。这可是算数里最不该有的错误，做了加法结果却没有增加……

这说明我儿子完全没有理解加法的概念，这是“致命的错误”。于是我问儿子：“你完全不会做算术题吧？”

儿子是这样回答的：“爸爸，没事的。”

我心里想着这怎么会没事，却听见儿子接着说道：“考试的时候我能看到后面人的答案，所以没问题的。”

因为这句话，我儿子被我老婆狠狠批评了一顿，不过我心里倒是暗暗佩服。

艺术家冈本太郎说过："在面前摆着两条路时，艺术家会故意选择明显对自己不利的道路。"

一般来说，作弊肯定是要看旁边人的答案。但是我儿子却选择了看后面人的答案，这明显更加困难。原来如此，儿子，你是艺术家啊！

但是儿子的算数考试成绩不是8分就是13分，我就问他："你不是作弊了吗？怎么算数的分数总是这么低？"

儿子却说："嗯，我后面的人也写错了嘛，这我就没办法了。哈哈哈哈……"

听到他荒唐的回答，我老婆再次勃然大怒。但是我却很欣慰，觉得教育出了一个温柔的孩子，能笑着原谅别人的错误。

还有一次，儿子给我按摩肩膀的时候，我给了他10日元零花钱。儿子说了句谢谢爸爸，紧紧握着10日元走去自己桌子旁边，随即就折回来对我说："爸爸，这是找你的钱。"我一看，竟然是100日元。

我只给了他10日元，他竟然找给我100日元。看来他算术不好也是件好事嘛！我儿子受到恩惠之后能10倍奉还。

这件事还有后续。当我把这件事写在自己的电子杂志上之后，竟然有四家出版社发来了委托，比如"翡翠小太郎先生和儿子的对话太有趣了，请务必出书”或者“请写成随笔吧”“我们想画成漫画”。

我老婆看到儿子做的这些事一定会骂他。毕竟他可是写出了“3+7=7”，考试还作弊。但是在我眼中，这些都是能得到出版社委托的素材。如果真能出书大卖，那可是能挣到几百万日元呢。（话虽如此，但教训孩子也很重要，在我家自然而然地变成了我老婆负责教训孩子，我负责发现孩子的优点。）

你看，面对同一件事，可以生气，也可以感到有趣，甚至可以用来挣到几百万日元。这足以说明，改变看事物的角度就能在人生中掀起革命。就算不小心踩到狗屎，就算遇到重大危机，就算陷入绝望的深渊，就算因为遇到糟糕的伴侣而束手无策……只要你能改变看事物的角度，就能乐在其中，并最终通过改变自己的行动来改变现状。

仅仅将问题看成问题才是最大的问题所在，人的心情会随着想法改变，从而影响到现实。所以，要度过无聊的人生还是愉快的人生并不是由“现实”决定的，而是由“思考方式”决定的：

事情—思考（思考方式、理解方式、接收方式）—感情—行动—对方的反应—结果也就是说，想要改变“结果”，就要改变整个过程中的一环。

如果将这个过程比作河水的流动，那么改变“思考”就是改变河流的源头。为什么不是改变“事情”呢？因为已经发生的事情，是没办法改变的。

改变对已经发生的事情的理解方式和思考方式，“感情”就会发生变化，采取的“行动”也会随之发生变化，“对方的反应”会改变，“结果”（现实）就会发生改变。

让这世界变得有趣吧，一切随心。

据说这是幕末革命家高山晋作的辞世之作，意思是就算生在无趣的时代，也可以通过改变心情愉快地过完一生。

那么接下来，我会通过这本叫作《事物的看法解密》的书，将让人生快乐100倍的思考方式和理解事物的方法告诉大家。

只要看完这本书，改变思考方式，你就能在0.1秒之内让糟糕的事情变成好的事情。以前看到的风景将会发生360度的改变。啊，不对，是180度的改变！

掀起革命吧，世界在你眼中的“分辨率”将彻底改变。

让我们开始吧。

目 录

第一章

天才们的视角
——他们竟然是这样看的！

苏格拉底式
对坏老婆（坏老公）的看法 /002

哲学家苏格拉底说："一定要结婚。如果娶到好妻子就能幸福，娶到坏妻子就能？？？？？。"？？？？？是什么？

秋元康式
对运气的看法 /009

刚从出租车上下来就一脚踩在了狗屎上！这时，作词家秋元康先生却感动地定在了当场。他为什么而感动呢？

大富豪的视角 /014

去乌冬面店吃饭时想要加一份饭团，结果却卖完了。日本最大的投资人竹田和平先生，对店员说了什么？

创造出“奇迹的苹果”的木村先生
对敌人的看法 /021

木村秋则先生是第一个成功研制出无农药苹果栽培的人，他的故事被拍成了电影《奇迹的苹果》。木村秋则先生经过常年研究，最终达到了“没有??”的境界。那么，??是什么呢？

第二章

对金钱的看法
——赚大钱的人的思考方式

铃木收式
对悲剧的看法 /030

朋友背着一亿日元债务，每天能接到 200 多个恐怖的催债电话，十分痛苦。如果是你，该如何鼓励他？

矢泽永吉式
对 30 亿日元债务的看法 /035

被信任的部下欺骗，背负了 30 亿日元债务的矢泽永吉先生在陷入绝望的每一天里发现，只要把这件事当成？？就可以豁然开朗。？？是什么呢？

宫崎骏式
对“麻烦”的看法 /042

宫崎骏导演总是会对年轻的员工说做电影有三个原则：第一是“有趣”，第二是“值得”，第三个是什么呢？

对“没有钱”的看法 /048

请试着在“Global Rich List（全球富豪排行榜）”的网站上输入你的年收入，你觉得你的收入在全世界能排到多少名？

第三章

对实现梦想的看法——迅速实现梦想的人是这样想的！

对梦想的看法①
日本冠军篇 /054

日本格斗冠军们的共同点是，忘记冠军腰带放在什么地方。这是为什么呢？

对梦想的看法②
人气绘本作家信实篇 /059

梦想还是要有的。

对工作陷入瓶颈的看法 /062

日本最大的投资家竹田和平先生说公司亏损就是忘记了“??”。那么忘记什么会导致亏损呢?

对命运的看法 /066

遗传学家木村资生先生说，生物出生的概率相当于连续中了?次一亿日元大奖。是多少次呢?

第四章

／

让坏事变好事的看法
——啊，竟然可以这样理解！

对事情没有按照计划进行的看法 /072

“如果是福岛正伸先生,会开一间怎么样的居酒屋呢？”一个年轻人梦想着将来拥有自己的居酒屋，这是他询问福岛正伸顾问的问题。福岛先生的回答是：“我想开一间只有一道菜的居酒屋！”他是怎么想的呢?

对“寂寞”的看法 /079

当朋友打来电话说想马上去死的时候，你的第一句话会是什么？心理学博士小林正观说的竟然是“我想吃你做的土豆肉饼”。他的想法是什么呢？

对 0 分的看法 /085

我儿子还剩三个月就要中考的时候英语考了 0 分。我跟他说：“爸爸还是第一次看到 0 分啊。”你们猜我儿子笑着说了什么？

对不可能的看法 /090

1000 人挑战吉尼斯两人三脚世界记录……本来是这样想的，但是活动当天只来了 400 人。离活动开始只剩下 3 个小时了，如果你是主办人，这时要说些什么？

第五章

让心情豁然开朗的看人生的角度——让人生完全改变！

怒气上涌时的想法 /098

特别紧急、让自己连夜赶出的工作，却因为“计划变更作废”，努力完成的工作全部白费了。一般人一定会觉得“别开玩笑了！”那么，这种时候应该怎么想呢？

对垃圾的看法 /104

据说戴水晶、翡翠等宝石就能有好运，但是说到世界上最能带给人好运的配饰，竟然是“手袋”。这是为什么？

对悲惨过去的看法 /108

都说过去无法改变，其实有一种方法可以改变过去。这就是改变？？。那么？？是什么呢？

对自卑的看法 /112

上天不会把幸福当作礼物，上天的礼物一直都是“??”。那么??是什么呢?

最后的致辞　对人生的看法 /117

结语 /123

特别附录 /126

解说“《事物的看法解密》在拘留所掀起热潮?！”/132

第一章

天才们的视角
——他们竟然是这样看的！

苏格拉底式　对坏老婆（坏老公）的看法

哲学家苏格拉底说："一定要结婚。如果娶到好妻子就能幸福，娶到坏妻子就能[?][?][?][?][?]。"[?][?][?][?][?]是什么？

答案示例：

成为优秀的修行僧人。

——空海（香川）

成为优秀的丈夫。

——小光（神奈川）

成为优秀的家臣。

——小乘（爱知）

变得喜欢上班。

——喜一樱（神奈川）

让妻子幸福（变成坏妻子的人一定有凄惨的过去）。

——虎（鸟取）

看其他任何女性都觉得优秀。

——水树（东京）

一生不愁缺段子，能成为主打自虐段子的喜剧演员。

——不倒翁先生（大阪）&小景（京都）

成为翡翠小太郎。

——翡翠小太郎

我将在之后揭示这个问题的正确答案，不过我们可以先看看上面的答案示例。

我的处女作名为《3秒变得快乐的名言集》。经常有人对我说，不可能只用3秒就变得快乐，但是我确实有过只用3秒就从不幸变得快乐的经历。

我曾经想过要和妻子离婚。在我为此而烦恼时，我参加了心理学博士小林正观的讲座。从那以后，我的人生掀起了“革命”。

日本人做事喜欢做到极致，并且将这个过程称为“道”，茶有茶道，书有书道，剑有剑道，这些领域都已经有前人提炼出的体系。而小林正观先生则将看世界的方法提升到了“道”的高度，他绝对可以称得上“看法道”的创始人。

我去参加小林正观先生的讲座前曾认真想过要离婚，但是听了小林正观先生的“一句话”，3秒后我就满怀对妻子的感谢之情，变得心情愉快了。

在介绍这句话之前，我先给大家讲一个我妻子的故事。

在我的处女作《3秒变得快乐的名言集》出版时，我特别开心，第一时间送了一本给我的妻子。我妻子随手翻过后说了一句感想：“我说啊，这不都是老生常谈吗？”

这可是她老公的处女作，她难道不觉得她的话太打击人了吗？

这种事还有很多。我的处女作成为畅销书，还出了续篇，收到样书的时候我依然第一时间送给了妻子。妻子翻看过之后又说了一句话：“翡翠小太郎，你完了。”

不可想象吧？

遗憾的是，这并不是结束。我的书在亚马逊上取得了综合种类销量第一的时候，我把电脑拿过去让妻子看，兴奋地对她说：“你看你看，我现在是第一，都超过了杰尼斯的写真集呢！”然后妻子说：“不管你是第几，在家里的地位永远是最低的。”

这就是翡翠小太郎的妻子!

如果你有这样的妻子会怎么做呢?一般人都会吵架吧?

在我没有听过小林正观先生的话之前,一定会这样脱口而出:“太过分了!我和你过不下去了!”但上面写到的这些事情都发生在我听过小林正观先生的演讲之后,所以听了妻子的话,我依然能够笑着对她说:“你的评论真的很有意思啊。”

小林正观先生在讲座上是这样说的:“一直在被贬低的话,人就会消沉,但是一直被表扬就会变得不知天高地厚。最理想的情况是50%对50%。所以任何人在生活中都应该接受50%的赞赏和50%的批评。”

那是我第一次听小林正观先生的演讲,我觉得他说错了。我当时正在写广告文案,工作做得很好,听到的几乎都是表扬,批评或者打击的话绝对没有50%。

小林正观先生接着说:“听了我的话,一定会有人觉得不对。”

我心里想:嗯,因为确实不对啊。

但是小林正观先生又接着说:“这种人身边一定有毫不留情地批评他的人,比如……他的妻子。”

那个瞬间，我的世界观完全被颠覆了。50%对50%，这并不是指人数，而是总量。比如有十个人夸我，只有一个人批评我，那么这一个批评我的人一定得说得很不留情面，而且这个人一定得是我无法避开的人，比如说家人或同事。

这时我才注意到，我能在工作上被表扬，都是因为妻子在一个劲儿地批评我，让我不至于太骄傲，妻子在为了我而孤身奋战。这样一想，我突然想抱住妻子对她说："毒舌的老婆啊，谢谢你一直在贬低我。"（笑）

从那以后，我们就不太吵架了。在我的第一本书被妻子批评是老生常谈时，我笑着对她说："这还真是你的风格。"我一笑，她也笑了，这样就吵不起来了。

对待同一个现象，只要改变看法，心中浮现出的感情就会改变，然后行动就会改变，人生就会随之发生改变。

你知道吗？从羽田机场飞往冲绳的飞机会朝着不同的方向起飞。有时朝北有时朝南，也有朝东或者朝西的时候。冲绳的位置是不会变的，但飞机却会朝着不同的方向起飞，这是因为飞机必须朝着逆风的方向起飞，而每天的风向都是不同的。

只有逆风才能飞得高。

正是因为有妻子吹的逆风，我才能飞上高空，完成连续写出四本畅销书的壮举。这都是因为妻子她亲自成为我的逆风吧。（笑）

现在终于要揭晓上面那个问题的答案了。

如果要评选“世界三大恶妻”的话，那么苏格拉底的妻子姗蒂柏（Xantippe）应该能占据一个名额吧！接下来我要介绍的，就是她的故事。

苏格拉底的妻子数落起苏格拉底来可是毫不留情，以至于姗蒂柏这个名字现在都成了泼妇的代名词。（笑）

有一次，姗蒂柏冲着苏格拉底怒吼，然后将一桶水浇在了苏格拉底头上。苏格拉底的弟子们见到后震惊地问苏格拉底：“老师你就这样放任妻子不管吗？”而苏格拉底的回答是：“雷鸣之后，通常都会下雨。”等弟子们回过神来之后，苏格拉底接着说道：“一定要结婚。如果娶到好妻子就能幸福，娶到坏妻子就能成为哲学家。只要能和她和平共处，就可以和任何人和平共处了。”

翡翠小太郎，你真是太幸运了，竟然走上了哲学家的道路！

嗯？你也是这样吗？（笑）

之前，曾经有人对我说：“翡翠小太郎先生的运势来自您妻子。”因为逆风=存储运气。

我不知道此事是真是假，不过只要我自己愿意这样想，就能开心地乘着逆风扶摇直上了。

经常有人对我说：“翡翠小太郎先生虽然书卖得很好，不过人还是和以前一样啊，还是那么谦虚。”其实这是因为我家里有那样的老婆，不谦虚也不行啊。这一切都是我妻子的功劳，“逆风”换个角度看就是“顺风”嘛。

对坏老婆（坏老公）的看法：

逆风=存储运气，在飞上高空时要懂得感激。

谢谢他/她吹来逆风。

谢谢他/她让你飞上高空。

谢谢他/她让你始终保持谦虚。

感谢坏老婆（坏老公）的练习：

顺带一提，小林正观先生建议大家把伴侣当成“熟悉的陌生人”来看。试着想想吧，有个人为了你的家庭默默贡献着自己的一份力，不是很值得感激吗？

秋元康式　对运气的看法

刚从出租车上下来就一脚踩在了狗屎上！这时，作词家秋元康先生却感动地定在了当场。他为什么而感动呢？

地点是洛杉矶。想象一下你自己刚从出租车上下来，就一脚踩在了狗屎上！

这时你会怎么想？会嘟囔些什么呢？

一般人一定会觉得运气不好吧？但是作词家秋元康先生却感动得定在了当场。

竟然会为了踩到狗屎而感动，他究竟是带着怎样的想法而感动的呢？

在洛杉矶，从出租车上下来就碰到狗屎的概率有多少？还要准确地一脚踩上去。

如果给洛杉矶的朋友打电话让他来接就不用打车了，如果下车的时候狗还没有从这里路过就不会留下狗屎，如果路上的狗屎时间够久就会慢慢风化……

一切巧合重叠起来才能分毫不差地走到踩到狗屎这一步。

一想到概率这么低，秋元康先生感动得定在了当场。

概率这么低，我却能一脚踩上狗屎。

“除了我没人能踩到！”

啊，秋元康先生真是……

“我真是厉害！”

啊，秋元康先生，这真的没什么好得意的……

不过是踩到了一脚狗屎，竟然能这么想，秋元康先生真是……（笑）不愧是秋元康先生啊，这样的想法绝对能通过看事物的方法一级鉴定。

这件事是秋元康先生在接受NHK（日本放送协会）的采访时对胜间和代女士说的，胜间和代女士听过之后问：“那个（狗屎）最后弄掉了吗？”

秋元康先生说：“费了好大劲才弄掉的（笑）。

秋元康先生之所以能在踩到狗屎后感动，就是因为他相信自己运气好，所以才能在概率如此低的情况下踩到狗屎，并且为此而感动。

觉得自己运气好却没有获得成功的时候也不要放弃，要坚信自己运气好，并通过持之以恒的努力，总有一天能够实现梦想。

秋元康先生说："全力伸出手后，梦想就在1毫米的前方。"只要不放弃，总有一天能突破这1毫米的距离。

永不放弃后能否实现梦想，就要看你相不相信自己的运气了。秋元康先生说，这种时候相信自己运气好是最重要的，自己觉得自己运气好就行，相信不需要理由。

也就是说，就算遇到了讨厌的事、难过的事，也能够直面不如意的现实，相信眼前等待自己的是成功，讨厌的事并非阻碍未来的"墙"，而是通向未来的"门"。

有人会把困难当作"墙"而放弃，但是如果能把它看成"门"，就能突破最后1毫米的距离。

只要相信自己运气好，并通过不断的努力，无论中间经历多少波折，最终也一定会以喜剧收场，未来一定是玫瑰色的。

管理之神松下幸之助在面试时一定会问一个问题："你觉得你此前的人生幸运吗？"

无论是多么优秀的人才，一旦回答"不幸运"就肯定不会被录取。因为能回答"幸运""我的运气很好"的人潜意识里一定对周围的人抱有感激的心情，认为一路走来靠的"不是自己一个人的力量"。

如何？你幸运吗？运气好吗？

弹吉他、画画、烤好吃的饼干，这些都需要技术和天分。但是相信自己运气好既不需要技术也不需要天分，而且不需要任何理由，只需要相信"自己运气很好"就行。

剩下的就是练习了。

无论发生什么，都要乐观积极地告诉自己："我运气很好哟。"

被水泼到的时候要想着"我运气很好，如果被可乐泼到就会留下污渍了，如果是氰化钾就会死掉了"（笑）。在拼命冲刺也没能赶上公交的时候要想着"我运气很好，一大早就能充分运动"。如果像翡翠小太郎一样饿着肚子回家，却发现妻子没有做晚饭，也要想着"我运气很好，可以减肥了"。我就是咬紧牙关这样想的（笑）。

对好运气的想法：

运气的本质是“思考方式”。

不需要理由，只需要相信自己运气好。

你的想法决定了你眼中的世界。

相信好运气的练习：

说了这么多，我也为无论如何都无法相信自己运气好的人准备了一项练习。

只要花3个月实践下面的方法，你的运气就能变好。

面向镜子温柔地看着自己的眼睛，对自己说：“我的运气很好。”只要看着自己的眼睛说这句话，就会逐渐形成潜意识。也可以加一句：“我运气很好，还很可爱。”（笑）

坚持下去的秘诀是规定好练习的地点和时间，比如早上刷牙或者洗澡的时候。就算你觉得这是假的，也请坚持尝试3个月。

相信我，这项练习的效果一定会很好的，敬请期待吧。

大富豪的视角

去乌冬面店吃饭时想要加一份饭团，结果却卖完了。日本最大的投资人竹田和平先生对店员说了什么？

大富豪的视角的确与众不同。

竹田和平先生被称为“日本最大的投资人”“日本第一股东”，是100多家上市企业的大股东，手中拥有的股份时价达到130亿日元。他23岁时就创立了竹田制果，生产的鸡蛋小馒头占据了日本全国市场份额的60%。

下面的故事是我听曾经担任过竹田和平先生旗下公司社长的本田晃一先生说的。

本田晃一先生说他在竹田先生手下工作时很激动，毕竟这是能够在日本最受金钱眷顾的大富豪身边学习的机会。竹田和平先生的投资方法是什么？会按照什么资料做判断呢？

但是，竹田和平先生并没有秘密资料。他投资时也会看谁都能看到的四季度报表和报纸，所有资料都在一个文件夹里。而且本田晃一先生与竹田和平先生在一起那么久，从来没有听他说过如何挣钱的话题。

竹田和平先生说的一直是：能给周围的人带去什么？要如何让大家都开心？……都是这些内容。

所以竹田和平先生建造了一座“城堡”。孩子们可以愉快地在城堡中体验做点心的过程。女孩子十分开心，因为这座城堡里可以租借公主裙，可以让她们马上体会到成为灰姑娘辛德瑞拉的感受。建造这座城堡的想法则来源于竹田先生想让吃着由他的公司制造出来的点心的孩子开心。

在竹田和平先生身边听不到他说挣钱的话题，他考虑的全都是如何让别人开心。

于是本田晃一先生的疑问变了，竹田和平先生为什么能从心底想要与人分享，为他人奉献呢？

不愧是本田晃一先生，这个着眼点抓住了本质。

普通人总是会想着“想要，想要，宝宝想要”（大家都不是宝宝了，对不起）。但是，为什么竹田和平先生并不“想要”，而是想着“给予”呢？

有一天，这个秘密揭开了。

竹田和平先生见到路边盛开的蒲公英时，对本田晃一先生说："蒲公英的花朵是朝上开的啊，真可贵。"

究竟哪里可贵呢？

"像蒲公英这样低矮的花朵能够朝着上方开放，和人高度差不多的向日葵会朝着侧面开放，而高处盛开的樱花会朝着下方开放，花儿总是会朝着人们的方向开放啊。还有比这更可贵的事吗？上天是爱着我们的，一定要明白这件事。"

竹田和平先生说完哈哈大笑。

竹田和平先生能够发现生活中的小确幸，始终让自己保持内心充实。因为内心充实，就能够自然地想要分享。

人生总是相反的。一直想着自己，就会认为只有自己没有得到好东西。但是如果能想着分享，别人和自己都会神奇般地变得更好。

这就是本田晃一先生发现的秘密。

下面到了"看事物的角度竞猜"时间。

本田晃一先生与竹田和平先生一起走进一家乌冬面店。竹田和平先生点乌冬的时候想加一份饭团，结果店员态度冷淡地说已经卖完了，只有白米饭。这种时候大家一定会生气地想：既然有米饭，那给我做一份饭团不就好了吗？

那么，这时竹田和平先生说了什么呢？你有答案了吗？

这个答案中隐藏着大富豪的秘密。

答案就是——

“那真是恭喜了！”

你觉得这有什么好恭喜的呢？

卖完了就说明店里今天生意很好。竹田和平先生那句“那真是恭喜了！”就是针对这件事说的。

从消费者的角度来看，卖完了是令人悲伤的现实，但是从卖家的角度来看，售空是值得欣喜的现实。

站在对方的立场上分享喜悦，这就是大富豪视角的秘诀。

竹田和平先生能站在对方的立场上与人同乐，用对方的喜悦充实自己的心灵。

这正是因为竹田和平先生相信人生之所以能够一帆风顺是源于“奉献和分享”。

他并没有勉强自己，而是真心认为分享是快乐的。

正是因为他内心充实才能做到这一点，那么他是用什么充实内心的呢？并不是什么特别的东西，只是蒲公英而已，还有乌冬面馆。

本田晃一先生形容这是“品尝的能力”。

竹田和平先生在吃完乌冬面后对店员说了“很好吃，谢谢你”后，起身走向厨房，笑容满面地对厨房的员工们说：“啊，真好吃，谢谢了。”于是在竹田和平先生离开的时候，店员和厨房里的工作人员全都来到门口目送竹田和平先生离开。

本田晃一先生这样对竹田和平先生说：“您说了这么多句‘谢谢’，所以在人均消费700日元的店里享受到了人均消费3万日元的餐厅才有的服务啊。”

竹田和平先生听了之后说：“说一句‘谢谢’又不用花钱，却能让大家感到幸福，这真的是一句很好的话。”

带着感谢的心情品尝700日元的乌冬面，并将感谢之情传达出去，让店员感到幸福，这样就产生了感谢的循环。

能够注意到生活中的小确幸并且懂得品尝其中的滋味，就能收获满满的幸福。幸福满得要溢出来时就会自然而然地想要分享给身边的人，老天是不会亏待这样的人的。

宇宙中只有一个大原则，那就是宇宙的整体趋势会“趋向共荣”。

如果越来越多的人只想着自己，宇宙的洪流就会越来越细，这违反了上天的意志。只有为整体着想懂得分享，才符合上天的意志。只有符合天意的人，才能顺着宇宙的洪流前进。

顺流而生和逆流而生，这两种生活方式的未来有着天差地别。

“金钱这东西，只要让他人开心就会增加。”

——竹田和平

能被金钱眷顾的想法：

只想着自己时，能依靠的是一个人的力量。

从整体的繁荣出发思考时，能依靠的是上天的力量。

注意到生活中小确幸的练习：

我今天很幸福，因为……

我今天很幸福，因为……

我今天很幸福，因为……

在睡觉前思考三个让自己幸福的事情。比如……

我今天很幸福，因为池袋的居酒屋“鱼串烤缘”的店员招待我时笑得很开心。

我今天很幸福，因为照进窗户里的阳光很舒服。

我今天很幸福，因为你把这本书送给了重要的朋友。（真的很感谢，我很幸福）

像这样，先试着从今天开始持续练习21天。（据说坚持21天之后就能养成习惯）

在睡前品尝幸福的滋味，早上起床时就会神奇地带上幸福的表情。只要坚持就会发现其中的奥妙，请务必一试。

创造出“奇迹的苹果”的木村先生 对敌人的看法

木村秋则先生是第一个成功研制出无农药苹果栽培的人，他的故事被拍成了电影《奇迹的苹果》。木村秋则先生经过常年研究，最终达到了“没有？？”的境界。那么，？？是什么呢？

以前从来没有人能够成功做到无农药苹果栽培，木村秋则先生是第一个完成的。

但是过程经历了许多挫折。木村秋则先生用醋兑水代替农药，或者尝试用牛奶、芥末、洋葱兑水，不停地改变兑水的比例，尝试了各种各样的办法。但是第一年苹果没有结果，第二年依然没有结果，第三年没有，第四年没有，第五年也没有。身为果农却连续五年没有收获一个苹果，不仅如此，苹果树甚至连一朵花都没有开。

所以尽管木村秋则先生会在夜里去夜总会打工招揽顾客，但是家计依然贫寒。他的妻子会把一块橡皮切成三块，分给当时在上小学的三个孩子，就连铅笔也要用透明胶带把三支短的粘在一起来用。家里甚至付不起三个小学生在学校的伙食费，连吃饭都要发愁。

在木村秋则先生终于走到了极限想要放弃的时候，反而被孩子们教训了。

“你是为了什么才让家里一直贫穷到现在的啊！不许放弃！”

电影《奇迹的苹果》中有这样一句台词：“如果我现在放弃，就相当于人类的放弃。”

但是到了第五年，苹果树的树干已经开始摇晃，随时都可能枯萎。

有一次，木村秋则先生看到了最小的孩子写的作文。题目是《父亲的工作》，作文里是这样写的：“我父亲的工作是种苹果，但是我从来没有吃过苹果。”

从那以后，木村秋则先生再也没有露出笑容，也不再说话。他心里难过，既不和妻子说话，也不与孩子们对视。他觉得自己坚持不下去了……

木村秋则先生觉得不能再给家里人添麻烦了，整个家就像坏掉的灯泡，陷在黑暗之中。他带着绝望的心情拿上绳子走到附近的岩木山准备上吊，那天晚上月亮很美，他把绳子抛向树枝做好了死的准备。但是绳子没扔准掉了下来，他走上前捡绳子，映入眼帘的竟然是——

苹果树！

他惊讶地想：这里怎么会有苹果树！他上前仔细一看，原来是自己看错了，那是一棵橡树。说起来，山里的树都没有打农药，却既不会生虫子也没有生病……木村先生挖开树下的土，发现那些土蓬松而柔软，散发出一股难以名状的清香，这就是山里土地的气味。

在那个瞬间，木村秋则先生想到了。

培育出苹果的是土壤！只要能制造出有这种气味的土就可以了！

田里的土向下挖10厘米，温度就会下降6至8度，但是山里的土再怎么挖也是温暖的，就算挖到50厘米的深度也只会比地表温度低1至2度。培育出这种蓬松温暖的土壤的并非人类的堆肥，而是杂草和小虫子，以及无数的微生物。在一捧土中就生长着1000亿个细菌，所以山里的树木不需要任何人照顾就能结出很多果实。

从那一天开始，木村秋则先生开始夜以继日地投入到土壤和微生物的研究中，希望找到适合苹果树生长的土壤。

就这样过了几天，突然有一天，隔壁田地的主人来到木村秋则先生家对他说："木村，你看到了吗？快去田里看看吧！"

妻子立刻冲了出去，木村秋则先生心里害怕，不敢去田里看，只敢从旁边的小屋战战兢兢地望向自己的田地。接着……

眼前出现了一片洁白！

苹果树争相开出美丽的花朵，整片田地被洁白的花朵覆盖了。

这片美丽的风景变得模糊。没错，因为木村秋则先生流泪了……

经过了八年岁月，木村秋则先生完成了此前没有人成功的苹果无农药栽培。

木村秋则先生最终明白的道理是什么呢？

这就是，敌人是不存在的。

看到虫子在吃苹果树的叶子，大家就会觉得那一定是害虫。

而木村秋则先生说事实并非如此。

“大自然中不存在善恶，所有生物都在尽一切努力生存下去，每一种生物都完成了生态系统赋予它们的使命。”

“长虫或者生病不是因，而是果。苹果树并不是因为生虫或者得病才生命力下降，而是因为苹果树生命力下降了才会生虫或者得病。虫子和病是在向我们传达苹果树生命力下降的消息。”

如果田里生了大量蚜虫，就说明施肥过量，因为氮素过量出现多余的营养，于是吸引了蚜虫。

出现蚜虫一定是有原因的。山里的树木不会生害虫，它们周围只有蝴蝶、蚂蚱以及金龟子之类的昆虫和杂草，没有多余的东西，从那里可以看到生命的循环。

只要仔细观察并理解了自然界的生命循环，就会发现其中只有和谐而不分善恶。而现代社会给土壤施肥洒农药，反而破坏了土壤中微生物的生态系统。

木村秋则先生这样评价自然栽培的出发点：“我采取自然栽培的出发点是因为意识到自然界没有敌人。”

这就是问题的答案了。人们总是认为吃苹果的害虫是农民的大敌，其实这种看法才是最大的敌人。

顺带一提，木村秋则先生之所以会挑战苹果的无农药栽培是因为他的妻子对农药极度过敏。如果食用使用农药果实的话，妻子的皮肤就会变得干燥，甚至难受得没办法洗澡。木村秋则先生最初只是想让妻子能舒服一些。

最后说一些题外话。我吃过木村秋则先生种出的苹果，让我印象最深的是后味，吃完后嘴里会留下一股久久不散的清香，而且切开放着也不会变色。这一定就是苹果本身该有的力量吧。（刚摘下来的时候味道更好！）

不过木村秋则先生赌上人生研究苹果的可能性，最后却是在土壤而不是在苹果树中发现了真理，这不是一件很有趣的事吗？

请你把这件事应用在我们的人生中。

如果想要拼命开发自己的可能性，最关键的一点是什么呢？你的“土壤”是什么呢？

没错，就是现在陪在你身边的人。如果把自己看成苹果，那么土壤就是身边的人。温柔对待身边的人就是在耕耘自己的“土壤”。

在我读过的木村秋则先生的书和听过他的讲座中，他一直在不断重复下面这句话：

“不是我在努力，而是我的家人在努力。不是我在努力，而是苹果树在努力。”

养育苹果树的是土壤，让木村秋则先生发挥出自己潜力的是他的家人和苹果树。

“为别人留下活路，也为自己留下活路。”

——木村秋则

能够化敌为友的想法：

正是敌人让自己回到原点，成为优秀的人。

对苹果来说，虫子是必不可少的，而正是敌人教会了你必不可少的东西。

通过敌人让自己变优秀的“Empty Chair”（空椅子）练习：

我在这里向大家介绍“Empty Chair”练习的方法。

首先，准备两把椅子面对面放好，中间留出一定距离。

你坐在其中一把椅子上，想象对面的椅子上坐着一个你讨厌的人。首先把你的所有想法诚实地传达给对方，一定要是你的心里话，哪怕是说他的坏话也OK。

接下来，坐在对面的椅子上，把自己想象成对方，感受你在对方眼中的样子，

然后站在对方的立场上说出对自己的看法。

之后，站在旁边看着两把椅子，客观地审视自己和对方，你有什么感觉？

最后，再次坐回自己的椅子上。体验过各个角度后，再次从自己的视角出发观察对方，你对他的印象有什么变化?

关系改善后，你希望向对方传达什么呢？你能做些什么？

将你想到的话告诉对方，将你想到的事付诸行动。

立场的意思如字面所示，是站立的地方。

随着站立的地方发生变化，想法也会发生变化。

第二章

对金钱的看法
——赚大钱的人的思考方式

铃木收式　对悲剧的看法

朋友背着1亿日元债务，每天能接到200多个恐怖的催债电话，十分痛苦。如果是你，该如何鼓励他？

答案示例：

能活着就是赚了。

——明石家秋刀鱼

没关系，没有跨不过去的坎。

——麻子（鸟取）

只要想想渡过这次难关后你会变成多么伟大的人，我就激动得浑身发抖啊！

——大手门（京都）

录一段电话留言，就说“我现在出门工作了，正在赚大钱，请稍等”如何？

——不倒翁先生（大阪）

你，把电话线拔了吧。

——惟丸子（神奈川）

如果借了10亿日元就会有2000通催款电话了，还好只借了1亿日元。

——川村省吾（神奈川）

当然要把翡翠小太郎先生的这本书送给他了！

——森雄贵（爱知）

企划编剧铃木收先生的父母经营着一家体育用品商店，因为各种原因借了一笔钱，金额竟然达到了1亿日元！

其中有从银行贷款的5000万日元，还有金融机构的3000万日元，还有2000万高利贷。当铃木收先生回到家的时候，已经发展到一天接到200通催款电话的程度，而且高利贷的利息比本金还多。（最后光是利息就达到了1亿日元，合计达到了2亿日元）

当时铃木收先生虽然已经是企划编剧了，不过他刚刚25岁，还不起上亿日元的借款，但是又不能丢下父母不管。

这下糟了，这可不是开玩笑。已经完了！必须辞职和家人一起逃走……

铃木先生因为害怕，一周没去上班，然后富士电视台的制作人打来电话询问情况。铃木先生把事情都说了，你猜制作人说了什么？他的一句话让铃木收先生的人生掀起了革命。

“下周来开会吧，把你的故事说得搞笑点儿。”

说得搞笑点儿？怎么可能！这个人脑子不正常吧？！

这可是每天200通的催款电话，可不是开玩笑。但是制作人坚持让他把这件事当笑话讲。

没办法，铃木先生只好参加了会议，尽量把这件悲惨的事用愉快的口气说了出来，结果大家都觉得很好笑。

嗯？我明明这么惨，但是身边的人都觉得这件事很好玩儿吗？

听到大家的笑声，铃木先生突然想道：原来大家觉得我身边正在发生的事很有趣。

总之，先想办法还钱吧。

铃木先生在这个瞬间下定决心不逃避，直接面对命运的挑战。

之前提到的那位制作人是这样说的：“我不能给你钱，不过可以给你工作。”

铃木先生决定一定要还上钱后要做的就是全力做好眼前的每一份工作了。在这个过程中，铃木收先生的才能不断开花结果，家里人齐心协力，终于在他30岁的时候基本还清了借款。30岁，还清了包含利息在内的2亿日元！

结果这次逆境反而激发了铃木先生的潜力，让他成为超人气企划编剧。铃木先生制作的人气节目数不胜数，比如《帅呆了！》。

说到没有钱的故事，再举一个搞笑艺人岛田洋七先生的故事吧。

岛田洋七先生小时候家里很穷，他有一次对奶奶说："奶奶，我都连续吃了两三天白米饭了，一口菜都没有。"家里当时甚至没办法让他这个小孙子吃一顿好饭，奶奶当时一定也很难受。

不过当时奶奶对他说："明天可就连白米饭都没有了。"

岛田洋七先生和奶奶面面相觑，同时大笑起来。

这就是岛田洋七先生接受现实的瞬间。

喜剧之王卓别林曾经说过："人生近看是悲剧，远看就是喜剧。"

也许从自己的位置看是悲剧，不过只要退后一步从高处俯瞰，一切都是喜剧。

作家中谷彰宏这样形容：

铜牌，在顺境笑容满面的人。

银牌，经历逆境后重新站起来笑容满面的人。

金牌，身处逆境依然能笑容满面的人。

如果能在逆境中保持笑容，你就是人生的金牌获得者。

对悲剧的看法：

将悲剧看成能逗乐周围的人、让他们快乐的“段子”。

对不顺心的事一笑置之的练习：

无论遇到多不顺心的事，都能做到仿佛事不关己一样轻松跨过。

其实只要把自己遇到的困难都当作别人的事就行了。

方法就是把自己的境遇当成段子，尽可能用愉快的语气讲给别人。通过讲述就能将自己从悲惨的境遇中抽离出来。

像在讲别人的事一样说出来就会去除悲壮感，让别人笑出来。这样一来自己也能笑出来，从而让心情变得轻松。把自己的故事当成别人的事讲出来，就能做到俯瞰自己的人生。

顺带一提，我的一个朋友是TRF（日本乐团）的伴舞，他的门牙有些突出，每次喝水的时候他都会说：“门牙有点儿干了。”周围的人听到后总是会放声大笑。

这明明是他感到自卑的地方，一旦当成别人的事，就成了他拿手的段子。

你也试着把感到自卑的地方或者身边发生的悲剧笑着说出来吧。

矢泽永吉式 对30亿日元债务的看法

被信任的部下欺骗，背负了30亿日元债务的矢泽永吉先生在陷入绝望的每一天里发现，只要把这件事当成？？就可以豁然开朗。？？是什么呢？

刚才我讲了1亿日元借款的逆转故事，下面要讲的30亿借款又是一个怎样的故事呢？

会哭的孩子也会成为沉默的超级巨星，矢泽永吉。

学生时代，我和朋友一起在飞往中国的飞机上读了矢泽永吉先生的传记《一步登天》。

我们看得入了迷，等到了中国后，我和朋友已经完全把自己当作矢泽永吉先生在中国旅行了一圈。我们俩都变得不拘小节，迅速花光了身上的钱，最后两天连住宿的钱都没有，只好在酒店大厅凑合了两晚上，那真是一段甜中带苦的回忆。

让我们回到正题，说一件矢泽永吉先生的著名故事。

那是发生在1980年的事。当时矢泽永吉先生深深地迷上了澳大利亚黄金海岸的自然风光，想要以那里为大本营建一所世界闻名的工作室和音乐学校。

他把这项事业交给了信任的两名下属，结果他们却利用矢泽永吉先生的公司做了别的生意。每个月发给矢泽永吉先生的都是虚假的报告书，就连银行分店店长的签字都是伪造的。最后导致矢泽永吉先生的负债总额达到了30亿日元。

明明不是自己借的钱，却因为被欺骗而背上债务。还是30亿日元！

而且因为被信任的下属背叛，矢泽永吉先生在精神上也受到了很大打击。

他每天喝酒，陷入消沉的情绪中，不断地说着“完了”“完了”“完了”“完了”。但是有一天，妻子对他说：“这笔钱确实不小，但是只要矢泽永吉打起精神来，就一定能还清的，不是吗？”

听到这话，矢泽永吉先生不由自主地反问：“真的吗？”妻子斩钉截铁地回答：“真的！”那时，矢泽永吉先生想的是：只要把这件事当成电影就好了。

电影中必不可少的情节就是主人公被逼到绝境。

之后就是矢泽永吉的伟大之处了。

他不停地开演唱会！开演唱会！开演唱会！

继续开演唱会！开演唱会！开演唱会！

接着开演唱会！开演唱会！开演唱会！

竟然真的还清了30亿日元的欠款。

在这个过程中，矢泽永吉成为如今的“矢泽永吉”。

人生最重要的目标并非挣很多钱，也不是成功或者出名。人生的终极目标是做自己，做最好的自己。

矢泽永吉成为E·YAZAWA（《矢泽摇滚》矢泽永吉纪录片），这是价值远远超过30亿日元的礼物。矢泽永吉先生现在已经68岁，不过依然保持着自信的表情，这副表情已经说明了一切，这是战胜过人生试练的男人的面孔。

“我想对所有人说，不管是被裁员还是背上欠款，把这些都当成任务就好。就算陷入痛苦，如果死了就一切都完了，所以要活着认真完成任务。也就是说，只要转换视角就能转换心情。”

——矢泽永吉

迪士尼电影制作人会在一开始就想好要让主人公遭遇多大的不幸，因为主人公面对困难时能成长到什么程度才是电影的趣味所在。

惊悚电影巨匠阿尔弗雷德·希区柯克留下过一句名言：“电影就是把人生中无聊的地方拿掉。”

也就是说，人生就是一部电影。

电影中最苦恼的人物就是“主人公”了。

最容易遇到问题的人就是“主人公”，最不容易遇到问题的人就是“路人”，不会苦恼、一开始就很强的角色叫作“反派”。（笑）

你明白为什么你会遇到困难了吗？

没错，因为你是主人公。

在电影中，主人公为了闪光必须在与敌人的攻防战中取胜，这就是电影的“高潮”试练。主人公没有试练、没有经历苦恼的电影会很惨，会为了票房而苦恼，甚至有可能上映不久就会下线。

既然如此，不如试着当一次热门电影的主角如何？

美国剧本作家温德尔·韦尔曼说过，优秀电影作品中的主人公要做三次错误的选择（“The Magic 3”）。

第一次选择就顺利的电影会很无聊。也就是说，为了让自己的人生成为热门作品，失败三次以上反而更好。

像《泰坦尼克号》那样，尽管不是大团圆结局，却深深打动观众的热门电影，数不胜数。大团圆结局只是实现了梦想，并不能成为令人感动的地方。而无论身处何种状况都真诚面对的姿态，才最能打动人心。

对人生的看法：

把人生看作“电影”。

自己是“主人公”，敌人是“衬托的角色”。

把“试练”看成最能提高收视率的“高潮”。

将人生看作三幕的练习：

我之前参加一项为期一年的活动时，一位当电影导演的朋友给我画了张温德尔·韦尔曼的Plot Line Graph（绘制线图），表示大部分电影都是由三幕构成的，现实的人生也大致是按照这样的流程进行的：

最初的30分钟是第一幕（设定）；

接下来的60分钟是第二幕（对立）；

最后30分钟是第三幕（高潮）。

三幕的时间占比是1：2：1。

我们参与的是为期一年的活动，在那一年中，事情正是按照这个顺序发生的。第六个月的时候发生了严重的问题，第九个月的时候遭遇了最大的危机，正如电影导演预言的那样，那次危机是第三幕高潮的开始。第九个月确实发生了最严重的人际关系问题，接下来就是惊涛骇浪般的高潮。提前听过导演说明的好处就是我们在试练到来时并没有一味叹息为什么会变成这样，而是所有人都认识到这就是高潮。

人生试练到来时，请务必要想到这三幕。

只要将试练的到来看成高潮的开始就可以了。

另外，美国剧本作家布雷克·施耐德按照辩证法将三幕构成分为以下三幕：

第一幕（正）：过去的世界；

第二幕（反）：相反的世界；

第三幕（合）：新世界。

也就是说，与你的世界观完全相反的人（反派）出现，你们的冲突让你的世界观焕然一新，诞生出一个新世界。

所以，当反派出现、试练到来时，你应该说的台词是："事情要变得有趣了！"

宫崎骏式　对“麻烦”的看法

宫崎骏导演总是会对年轻的员工说做电影有三个原则——第一是“有趣”，第二是“值得”，第三个是什么呢？

我曾经在电视上看过宫崎骏导演做电影时的样子。

宫崎骏导演一边抖腿一边说出一句句让我惊讶的话。

“啊，真麻烦，太麻烦了。”

“好麻烦，真是太麻烦了。”

“要和自己觉得麻烦的心情斗争啊。”

“说到什么是麻烦，这就是最麻烦的事了。”

简直是“麻烦”的大游行。

但是他的最后一句话是：“重要的事情大多都很麻烦。”

一名动画师一周能画出的画转换成电影只有5秒左

右，整整一年挑灯夜战的成果不过是4分钟左右的分量，两个小时的电影最少要花两年时间。

而且宫崎骏导演对画面决不妥协，会不停地修改，如果觉得不满意就会代替其他画师亲自上阵。正因为他不断进行着这种辛苦的工作才会觉得麻烦吧。正因为如此，在创作电影的时候如果没有足够的觉悟，就无法成功。这就和开头的竞猜联系起来了。

宫崎骏导演的电影三原则：第一是“有趣”，第二是“值得”，第三个是什么呢？

这就是，“赚钱”。

第三点是不是有些意外？但这是理所当然的。吉卜力工作室制作一部动画需要400~500名员工，人员费用就是很大一笔钱，所以每一部的票房都不能差。这对导演来说是难以想象的巨大压力，如果不赚钱就做不下去。

赚钱在一些人眼里的形象不太正面，不过只要将“钱”看成“观众的掌声”就能明白赚钱的重要性了吧。正因为如此，宫崎骏导演的三原则是“有趣”“值得”“赚钱”。但是，宫崎骏导演也曾经一度打破自己定下的三原则。

那就是创作《龙猫》的时候。《龙猫》是与宫崎骏导演的前辈及盟友——高畑勋导演的《萤火虫之墓》同时上映的，也就是说宫崎骏导演不需要独自承担票房的压力，压力可以减半。

制作人铃木敏夫先生说他从没见过宫崎骏先生工作得那么开心。创作《龙猫》的时候，宫崎骏先生一边和身边的工作人员愉快聊天一边画画。从压力中解放出来，愉快创作出的第一部作品《龙猫》的结果如何呢?

愉快的结果就是——惨败。

铃木敏夫先生说："这是吉卜力历史上票房最差的作品。"

愉快地创作果然是不行的。

但是其实后头还有反转在等着龙猫。

尽管《龙猫》在大荧幕上没能火起来，但是在电视上播放后却人气爆棚。玩偶制造商意识到龙猫的魅力后，做出了周边。

吉卜力此前从未想过出角色周边，结果第一个角色周边就大受欢迎，使得这部作品最后竟然成了吉卜力最赚钱的作品。而且《龙猫》在那一年中包揽了所有电影奖项，广受好评。

愉快的前方等待着他们的是奇迹的反转。

所以我想在三原则的最后再加一点：“有趣”“值得”“赚钱”“愉快”。

那么愉快的秘诀是什么呢？

如果敷衍了事的话只能得到轻松，而无法得到愉快。

“有趣”“值得”“赚钱”，只有认真挑战创作出能够超越这三座壁垒的作品才会有成就感，才能得到愉快的结果。

另外，这也会是非常麻烦的事，也就是说“麻烦”是“愉快”的一部分。

不好意思，这里要举一个我自己的例子，我写书的时候一开始就会拜托编辑一件事：“请不要顾虑，尽情在原稿上用红笔挑错吧。”

如果编辑不挑错，那我当然乐得轻松，如果被挑出很多错的话当然也会沮丧。但是我活着的目的不是为了轻松，况且人生不可能没有沮丧。

我活着的目的是写出能够打动读者的书，挑战这一点才是愉快的。

“轻松”和“愉快”有着决定性的区别。

那么如何在麻烦的事情中注入热情呢？答案就在宫崎骏导演的话中："不要为了自己创作电影，要为孩子们而创作。"

宫崎骏导演想让出生在这个看不到未来的时代的孩子们看到，世界上充满了有趣的事情，他自始至终都在为孩子创作电影。他在自己的儿子3岁时，为3岁的孩子们创作电影；在儿子上小学时，创作出了面向小学生的电影；等自己的孩子长大后，他又改变了对象，比如《千与千寻》就是为朋友的女儿创作的电影。正因为他的电影都是为身边重要的人创作的，所以无论有多麻烦，都不会敷衍了事。

在宫崎骏导演发现孩子们不知道这一生要如何度过的时候，他将答案放在了《幽灵公主》中。"就算在憎恶和杀戮之中，也一定存在值得活下去的东西。这个世界上一定会有精彩的相遇和美好的事物"。

为什么而做？为了谁而做？

只要能明确这两件事，就能一边说着"又来了，真麻烦！"一边坦然接受一切麻烦。

真正的愉快以及无上的趣味，就是让他人露出笑容。

"因为我想对面前的孩子说'你能来到这个世界上真

好’，所以才决定做电影。”

——宫崎骏

对麻烦的看法：

麻烦是愉快的一部分。

为什么而做？为了谁而做？

只要能明确这两件事，麻烦就能变成值得。

做自己的练习：

大部分拉面师傅都会从专门生产面条的工厂进货，这样一来就能从麻烦的揉面工作中解放出来。不过我喜欢的一位拉面师傅从来不这样做，他每天早上六点就去店里花四个小时揉面。因为面不能太干燥，所以他即使在炎热的夏天也不会开空调，每次揉面都要换三次T恤。正是因为他不嫌麻烦地揉面，所以他家的拉面比别家的拉面更有味道，很多人都特别喜欢。

你现在在做的事情正是因为麻烦才有了自己的特色，才能让其他人无法模仿。能做到更多麻烦的事，这一点能够体现出你的风格，成为你的个性。

你想讨谁的欢心？为了让那个人露出笑容竭尽全力吧。当那个人露出笑容时，一切麻烦都会变成值得。

对“没有钱”的看法

请试着在“Global Rich List（全球富豪排行榜）”的网站上输入你的年收入，你觉得你的收入在全世界能排到多少名？

觉得钱不够用的人，觉得时间不够的人，觉得休息不够的人，请举手。

如果我说这都是“错觉”，你们会怎么想？

在说自己没有钱的时候，请试着在“Global Rich List”的网站上输入你的年收入，然后你就能看到你的收入在全世界的排名。

这个网站使用了世界银行开发研究小组计算出的数据，以世界上大约60亿人口为对象。假设你在网站上输入300万日元年收入，显示的结果是你的收入在全世界排到了前2%。

啊，你这个有钱人！（笑）

时间也是如此，请和过去做个对比吧。

想想幕末志士坂本龙马，当时没有汽车，没有飞机，也没有新干线，如果想去江户参加会议倒是可以坐船，但行程基本靠走。那时从坂本龙马的故乡土佐（高知县）走到江户（东京）要花大约30天之久，而如今从东京到高知坐飞机只需要75分钟。

不仅如此，现在还有手机和邮件，想和对方说话片刻就能联系上。还有很多书籍，不用见到作者的面就可以轻松地从书中了解他的想法。

让我们回溯到更久远的过去吧，据说绳纹时代人们的平均寿命在30岁左右。

这样一想，我们的时间和过去的人相比增加了太多。

在《如果世界是有1000人的村庄》原案中，著名的环境科学家多内拉·米德斯说地球上最基本的法则就是“充分法则”。

充分是指“刚刚好”。只要能在看着眼前已经拥有的一切时开心地认为刚刚好，从这个瞬间开始，世界上将不存在“不足”。

《金钱的灵魂：让你从内在富起来，做个真正的有钱人》的作者琳恩·崔斯特认为追求可持续性社会的本质就是认识到“自己已经拥有了一切必要的东西”。

你可能会指出世界上还有因为吃不上饭而丢了性命的人，但是只要不再拘泥于“想要更多武器”的想法，现在全世界的军费支出就足够解决世界的贫困问题了。

以前发生过这样一件事。我乘坐新干线前往大阪的时候，有一本因为工作关系必须读完的书，我一直焦急地想着没有时间了，没有时间了。但就在那时，我突然感受到从窗户照进来的阳光。

虽然我焦急地想着没有时间了，但是温暖的阳光依然存在。就在此时此刻，舒适的时光依然存在。

只要感受到拥有的东西，心中就会产生空间（余裕），就能感受到温暖。当时我想到：只要大家都能感受到这种温暖，地球一定会变得更好吧。

学习的目的是什么？读书的目的是什么？追求成功的目的是什么？想要继续追求的理由是什么？是变得幸福对吧？是为了以温暖的心情度过每一天吧？

既然如此，现在立刻就能做到，只需要看向已经拥有的东西就好。

盯着没有的东西就会心生不满，看着已经拥有的东西就会产生感谢之情。

幸福还是不幸，仅仅取决于你的目光朝向何方。

佛祖对弟子说："在自己心中注入肯定的想法，人生和世界就会变得广阔。"

你的想法能决定是要关注没有的东西，让不满的世界继续扩大；还是关注已经拥有的东西，让满足的世界继续扩大。

只要能认识到自己拥有的，世界就会在瞬间发生改变。

首先从自己做起吧，让叫喊着"没有没有没有"的世界就此终结吧！

"地球所提供的足以满足每个人的需要，但不足以填满每个人的欲望。"

——圣雄甘地

"除了'没有'，我已经拥有一切。"

——拉面人

拉面人是漫画《金肉人》中登场的角色，以前应该没有人会把印度伟人甘地和拉面人并列吧（笑）。

对“没有钱”“没有时间”的看法：

没有都是错觉。

盯着“没有”就会看到“没有”的世界。

看到“拥有”就能见到“拥有”的世界。

看到已经拥有的东西的练习：

练习1：

请你在本子上尽量多地写下如今理所当然拥有、但是失去后会感到困扰的东西。假如有人对你说要出100亿日元买你的双眼、鼻子和两腿，你会怎么做？

很少有人会就这样卖掉吧。我们一生下来，就已经拥有了100亿日元也买不来的礼物啊！

练习2：

从你现在拥有的东西中举出三个最不愿意失去的东西，听到这个问题，大多数人都会说家人、朋友和现在的工作。

这些都是你现在拥有的东西对吧？那么，你现在就很幸福不是吗？幸福不是用来得到的，而是用来发现的。

第三章

对实现梦想的看法
——迅速实现梦想的人是这样想的！

对梦想的看法① 日本冠军篇

日本格斗冠军们的共同点是，忘记冠军腰带放在什么地方。这是为什么呢？

答案示例：

忘我才能成为真正的格斗家。

——世界的营（岛根）

决心赢得下一条腰带。

——绘本作家信实（东京）

对过去没有兴趣。

——中居菜穗（爱知）

看到腰带就会沉浸在得到冠军的心情中而疏忽了练习。

——小彩（石川）

其实一直绑在额头上（就像戴着眼镜找眼镜的人一样）。

——伊藤纯子（北海道）

其实他们想成为拉面店老板。

——大手门（京都）

我听过一件关于作家森则明夫先生的神奇秘密。

森则明夫先生在格斗技杂志上有一个专栏，会连载他对获得格斗、柔道、空手道等项目的日本冠军选手的采访。

每次他都会采访很多冠军，不过大多数冠军都会说一句一样的话："我的冠军腰带在哪儿来着？"

很不可思议吧？竟然不记得冠军腰带放在什么地方了。

因为这样的选手很多，森则明夫先生一开始觉得不可思议，不过后来，他渐渐明白了其中的秘密。这并不是因为冠军们都很不擅长整理，当然也不是因为他们真正想做的是拉面店老板（笑）。

那么为什么会忘记呢？那是因为他们对日本冠军并不执着。

能够成为日本冠军的选手最初就有着成为世界冠军的梦想，日本冠军不过是他们的一个落脚点，所以很多人对冠军腰带并没有留恋，会忘记放在了哪里。

明白了这一点，就能看清实现梦想的诀窍。

大多数人都把想要实现的梦想作为目标和终点。

但是梦想并非终点，而是会在被当成一个落脚点的时候不经意间实现。

只要看到更遥远的梦想，将以前认为是终点的地方当成落脚点就可以了。

在幕末时代，看得最远的人就是坂本龙马。

尽管坂本龙马在武家社会掀起了革命，让日本实现了现代化，但他的名字并没有出现在新政府的官员名单中。

据说西乡隆盛曾经问他："你不在新政府任职，又是为了什么而赌上性命这么努力呢？"坂本龙马的回答是："我想当世界的海援队。"

当时那个时代，只有坂本龙马一人看到了梦想的前方。

坂本龙马的梦想是打倒江户幕府，让日本成为自由的国度，乘坐黑船在七大洋航海与外国进行贸易。

坂本龙马的目的不是打倒江户幕府，这只是他的一个落脚点而已。

跨越七大洋的大冒险才是坂本龙马的梦想，所以他才能在那个时代走得比任何人都远。

对梦想的看法：

实现梦想后要怎么办呢?

看着梦想前方，体会心跳的感觉吧。

描绘梦想前方的练习：

“和家人一起住在大海附近浪最大的地方，每天一边尽情冲浪一边工作。”这是我朋友柳田厚志的梦想。

他所说的尽情冲浪并非每年休两次假去国外冲浪，而是每天都能冲浪。为了实现这个梦想，他当然不能当工薪阶层，他必须自己创业，做一份能自由掌握时间的工作，他决定向着这样的未来努力。

我刚认识柳田的时候，他还是年收入300万日元的出版社新人。不过没过几年，他便独立创业逐渐接近了他的梦想。现在，他住在距离湘南海边步行只需要几分钟的独栋小楼里，只要起浪就放下工作去尽情冲浪。他已经成了铁腕制作人，为电商行业带来了上亿收益，被称为电商的“幕后推手”。

大多数人的目标都是“要做什么”“要买什么”“要

完成什么”，但无论拥有什么样的梦想，如果让自己平时的生活变得不幸福就本末倒置了。

在实现梦想后想要过什么样的生活，这就是你的生活方式。

请你试着设想出实现梦想后的理想日常生活。住在哪里？房间里有什么？窗帘的颜色？要用什么样的桌子和餐具？有谁在你身边？穿着什么衣服？几点起床？过什么样的生活？怎样工作？

试着详细描绘出梦想前方的日常生活吧。然后，如果有和现在不同的地方，哪怕只是一件小事（比如窗帘的颜色不同），也从力所能及的事情开始改变吧。这样一来，就能与梦想中的未来联系在一起，逐渐靠近理想的未来了。

对梦想的看法②　人气绘本作家信实篇

梦想还是要有的。

信实先生是绘本作家，保持着日本出版界的出版记录。他在35岁时已经出版了150本以上的绘本，打破了最年轻、出版数量最多的纪录。他以前是个混黑道的，是池袋暴走族的头儿，从来没看过绘本。但是他喜欢的女生非常喜欢绘本，那个女生曾经对他说："只要你靠绘本得奖，我就和你交往。"

从那之后，他开始每天去图书馆，三个月里看了6000本绘本。然后开始不断地画绘本，作品渐渐超过了他180公分的身高，最后他终于得了奖并且趁势出道，现在已经成为日本第一的绘本作家。（顺带一提，当时那个女孩已经成为他的妻子，在身后支持他。）

他并非一开始就有才能，也不是一开始就喜欢绘本，画画水平也不高。但是他却能够成为绘本作家，而且是超人气的绘本作家。

信实先生通过亲身经历证明了，身边的人怎么说没有关系，重要的是自己怎么想，只要有心，大部分事都能做到。

现实会随着想法而改变，我也有同样的经历。

我以前在一家小网购公司做普通职员，从没想过自己能成为作家。但是在一次研讨会上，我认识了一位畅销书作家，我们一起坐车时，我的想法产生了动摇。我认识的这位畅销书作家每次在汽车轻轻摇晃的时候身体都会大幅度地摇晃，几乎要摔倒，那时我想到：嗯？畅销书作家也会因为汽车这么轻微的晃动险些摔倒吗？既然如此，我说不定也能成为畅销书作家……（笑）。

就在一年后，我真的成了畅销书作家。

如果自己觉得不行就永远做不到，当我觉得自己可以时，梦想在一年后就成真了。你觉得如何？

后来，我的朋友们也开始陆续出书，大概有20多个人吧。可能是因为大家都觉得“那个翡翠小太郎都能出书，我也可以”（笑）。

自己相信的极限就会成为现实的极限。

如果自己觉得困难，事情就会变得困难。你自己的想法是宇宙中最具影响力的事情，你的“思考”决定了你的世界的规则。

真正的敌人，是“过小地估计自己的极限”。所以呀，千万不要小看自己。

对梦想的看法：

让梦想在不经意间实现。

首先不要去想“做不到”，要认为“也许能做到”。

在不经意间成为出色的自己的练习：

多见见那些已经实现了“你的梦想”的人，从他们身上找寻经验。

你可以去参加他们的演讲，也可以将你的心情写在信上寄给他们。等你与他们逐渐熟识之后，你就会发现他们和你并没有太大的区别。

每个人都能通过改变自己来改变一切，当你的想法从“无法实现梦想”变成“说不定能实现”的时候，梦想就会真的实现。你可以变成能从容实现梦想的人，也可以变成比现在更好的自己，不断发现自己的可能性吧！

对工作陷入瓶颈的看法

日本最大的投资家竹田和平先生说公司亏损就是忘记了“? ?”。那么忘记什么会导致亏损呢?

工作总会有遇到瓶颈的时候，这种时候必须做出各种改变，比如改变思路、改变做法等，不过在做出改变前，有一件必须想到、必须要做的事。

让我们有请之前登场过的本田晃一先生和竹田和平先生再次登场。

首先是本田晃一先生，本田晃一先生的父亲是高尔夫会员销售，因为泡沫经济破灭的影响，整个行业都大受打击，销售额急剧下降。

当时本田晃一先生只有25岁左右，他为了帮助父亲的公司，建立了销售会员的网站。2000年的时候，网络上还很少能售出高价商品，但是本田晃一先生的网站在第一年就创造了10亿日元的销售额。在这次出色的“营救”中，你觉得本田晃一先生做了什么呢?

一切都源于本田晃一先生让父亲回想起做高尔夫会员销售的初衷。

“父亲为什么要从事高尔夫相关的工作呢？”

“当然是因为赚钱了。”

父亲一秒钟都没有犹豫（笑）。

“但是世界上还有很多赚钱的行当，为什么一开始要选择高尔夫呢？”

本田晃一先生继续刨根问底。于是……

“你问为什么啊……啊，我想起来了。我第一次打高尔夫的时候特别激动，觉得这是世界上最有趣的运动了。从那以后，我每次去打高尔夫之前都像小孩子要去郊游一样期待得睡不着觉。当时我觉得如果所有人都能这么想，世界一定会变得更美好。”

没错，人这种生物容易忘记自己的初衷。

但是，初衷才是力量的源泉，一定要记得自己的初衷啊。

我在前文中提到过，本田晃一先生后来成了日本第一投资家竹田和平先生手下一家公司的社长。

竹田和平先生是100多家上市企业的大股东，他手下的社长在公司业绩下滑时要来他这里道歉。本田晃一先生见过竹田和平先生面对这种情况时的态度。

公司蒙受了很大损失，一般人都会觉得竹田和平先生抱怨一两句完全是情理之中。但是竹田和平先生不但不会生气，反而会拿出曾经业绩下滑的公司反弹成功的剪报来鼓励社长。

当时那位社长的公司从事的是期货生意，竹田和平先生就恳切地向他说了期货生意对公司有多么重要的作用："你听好，你的工作是值得尊敬的。正是因为有了期货交易，农民才能放心从事生产。你是对日本贡献最大的社长，只要你做得好，整个日本都会闪闪发光。"

社长想起自己做这份工作的初衷，眼睛里出现了光彩。

竹田和平先生是这样说的："工作本来就是值得尊敬的事，能够帮助这个社会，帮助别人。出现亏损是因为你忘了为什么要做这份工作，所以只要你能想起自己的初衷，公司立刻就能盈利。大部分初衷，都和爱有关。"

回忆起初衷时，人就能回到原点。

只要想起你心中一直存在的爱就可以了。

回到“为了爱”的原点，重新问问自己想要走向何方，想要做些什么。

从爱出发，无论走向何方，都会是充满爱的世界。

对陷入瓶颈时的看法：

陷入瓶颈时，就是忘记了初衷的时候。

应该回忆自己是为了什么而开始，自己的原点（爱）是什么。

遇到爱的练习：

首先问问身边的人吧。

“一开始为什么要做现在这份工作？”

这个问题能够勾起人们心中的爱。

如果有人问我为什么要像现在这样写书，我的回答是：“我以前认生，性格特别阴暗，所以活得很辛苦，每天都会去书店看看有没有什么思考方式能帮助我。当时书就是我的朋友，是我的挚友，总是能帮助我，所以我特别喜欢书，喜欢书的形状、触感、气味，喜欢书的一切。我对书充满了感激之情，现在写书就是为了能让我的书帮助像以前的我那样的人，并且一直专心于此。”

初衷里果然是存在爱的。

对命运的看法

遗传学家木村资生先生说，生物出生的概率相当于连续中了? 次一亿日元大奖。是多少次呢？

之所以有咖喱饭，是因为有想做咖喱饭的人存在。

之所以有小笼包，是因为有想做小笼包的人存在。

之所以有土豆沙拉，是因为有想做土豆沙拉的人存在。

顺带一提，咖喱饭、小笼包、土豆沙拉都是我儿子最喜欢的食物，他只要肚子饿了就会说："爸爸，我现在能吃下100个小笼包。"

啊，这都是题外话了（笑），让我们继续往下说。

你屋子里有的东西同样如此，笔、电脑、拖鞋、书、钢琴、手机、桌子、椅子、空调、水壶、照片、衬衫、CD，都是因为有人做才会存在。

世界上所有东西，都是有人做出来的。

村松恒平的一部作品中有这样一段话："一个煎鸡蛋会偶然出现吗？"

比如在去公司的路上，一个鸡蛋莫名其妙地从高处掉下来，刚好有一个平底锅在路上，然后鸡蛋壳碎了，只有鸡蛋掉进平底锅里，再加上平底锅里还得有油，还要运气很好的有一个不知道为什么点着了火的炉子，还得在鸡蛋煎得半熟的时候灭火。

不可能，我可以斩钉截铁地说不可能。在人类几十万年的历史中，从来没有出现过这样偶然做好的煎鸡蛋。

既然连一个煎鸡蛋都不可能在偶然间做好，生命更不可能偶然出现。

一切事情背后必然有创造者。

我再举一个例子。

日本遗传学家木村资生先生说生物出生的概率相当于连续中了?次一亿日元大奖。你觉得是多少次呢?

相当于连续中了100万次一亿日元大奖。

假设你连续100万次中了一亿日元大奖，这种情况只会有一种可能。

没错，100%是安排好的。

人们都会有不相信自己运气的时候。

我想对这样的人说："没关系的。"

就算你的人生看起来是失败的，也一定蕴含着意义，随着时间的推移，总有一天你会发现其中的意义。

所有已经发生的事都是好事，都是为了你的成长，只要这样想就可以了。

发生的事已经发生，没能发生的事你再担心也不能确定。这样一想，还是全心全意努力做好眼前的事情吧。当你重新抬起头的时候，就会发现前方等待着你的是完美人生。

替代疗法的世界权威、医学博士迪帕克·乔普拉说过，人们每天会思考6万多次。

人们每天都为已经发生的过去而后悔，为不知是否会发生的未来而不安，让自己陷入深深的烦恼。

这样的思考每天都要经历大约6万次，一个月就是180万次。

如果大脑一直处于后悔和担心的状态，就没办法感到兴奋。

既然如此，不如将所有发生过的事都看成好事，将每天6万次的思考当成能量注入眼前正在发生的事，这样一来人生不就一定会变得快乐了吗?

坚定的人生，才会胜利。

对命运(未来)的看法:

已经发生的一切都是好事。

将要发生的一切也都是好事。

一切都是自己的成长必须经历的事。

将发生的一切都当成好事的练习:

现在请你选择一件顺利进行着的事情，或者一个让你觉得能遇到真好的人。

请试着追溯这件顺利进行着的事情的开端，或者你与那个幸运之人的相遇，你会发现大都有一个痛苦或不幸的出发点，但只要再向前跨一步，事情就不一样了。

比如第一次教我对事物的正确看法的老师，就是我刚步入社会时进的那家公司的社长。我遇到这位社长的契机就是源于我认生的毛病，当时我一见到别人就脸红。一个担心我的朋友说:“我给你介绍一个绝对会雇佣你的公司吧。”于是我通过他认识了这位社长。

第四章

让坏事变好事的看法

——啊，竟然可以这样理解！

对事情没有按照计划进行的看法

“如果是福岛正伸先生，会开一间怎么样的居酒屋呢？”一个年轻人梦想着将来拥有自己的居酒屋，这是他询问福岛正伸顾问的问题。福岛正伸先生的回答是：“我想开一间只有一道菜的居酒屋！”他是怎么想的呢？

答案示例：

只要有啤酒就好，就用梦想作为下酒菜吧。

——茅野出秋（东京）

只要专注一个梦想，就一定能实现！

——世界的营（岛根）

为什么只有一道菜？可以用这句话打开话头和客人交流。

——大手门（京都）

可以让只有一道菜的居酒屋成为话题。

——小彩（石川）

只要心情好，种类不重要。

——中居菜穗（爱知）

菜单上只有米饭，菜可以自己随便带。这样一来品种不就无限多了吗？

——三木夫（北海道）

因为福岛正伸先生只会做明太子意面。

——圣中（神奈川）

吉田松阴再世！咨询界的King of Pop（流行音乐之王）！福岛正伸先生拥有着众多称号，是培养出十多位上市公司社长的传奇咨询师。

我每年都会与福岛正伸先生一起参加一次管理者培训合宿，每一年的答疑环节他都让我佩服不已。

不管遇到什么问题，福岛正伸先生都能在瞬间做出回答。在听到问题的瞬间，他会一边大幅度地挥动右手一边开始回答，开头一定会说“这个问题嘛”。

看到福岛正伸先生无论听到什么问题都能立刻回答，我在两人独处时问了问他：“您为什么能回答得这么快？大幅度地挥动右手能为您争取到瞬息时间，您就是利用这瞬息时间思考的吗？”

福岛正伸先生的回答如下：“翡翠小太郎先生，不是这样的。其实我在听到问题的瞬间就有答案了。”

“嗯？这是怎么回事？”

其中的秘密很简单。福岛正伸先生从20多岁就开始从事咨询工作，当时来参加演讲会的管理者都是40岁、50岁甚至60多岁的前辈，所以在当时的答疑环节中，福岛正伸先生经常无法做出令听众满意的回答。

于是福岛正伸先生决定不再当场接受问题，而是让听众把问题写在纸上交给他，然后他会花几天时间仔细思考每一个问题，按照顺序给出回答。

福岛正伸先生在两年时间里用5000张纸回答了1000个问题！从那以后，无论遇到什么样的问题，他都能在过去认真回答过的问题中找到答案。

那么，让我们回到开头的竞猜问题。

一个年轻人梦想着将来拥有自己的居酒屋，他问福岛正伸先生：“如果是福岛正伸先生，会开一间怎么样的居酒屋呢？”

福岛正伸先生大幅度地挥着右手，瞬间回答道：“我想开一间只有一道菜的居酒屋！”

问问题的年轻人听到这个意外的答案后满眼问号，不知道其中的真意。

福岛正伸先生的意思是这样的：“要思考如何开一家尽管只有一道菜，客人却依然络绎不绝的居酒屋。”

人们习惯找一些当下的困难，当成自己无法做到的借口。比如“没有钱所以做不到”“没有人手所以做不到”“没有门路所以不行”“没有经验所以不行”“现在经济形势不好不能做”之类的。

但是福岛正伸先生看问题的方法完全不同。在没有钱的前提条件下思考该如何是好不是会很有意思吗？在没有人手的情况下思考如何让生意顺利运转不是会很有意思吗？就算经济形势不好，想一想如何招揽客人不是很有意思吗？

人们讨厌没有按照计划进行的事情，但是会享受人生的人却认为没有按照计划进行的事情才有趣。

大人为什么会在休息日背上沉重的高尔夫球包，一大早就起床出门呢？那是因为高尔夫不会按照计划向前跑，打高尔夫的时候可不能用手捏着球塞进洞里去（笑）。

足球的魅力也在于此，正是因为不能用手，足球才会有趣。

就算只有一道菜，客人依然会毫不犹豫地前来捧场的居酒屋是什么样子呢？

福岛正伸先生认为思考这个问题很有趣，他说："假如店员会在送啤酒的时候在客人耳边不经意地说出一句名言，就算只有一道菜，客人也会想去这样的居酒屋体验一下吧？"

假如店员在送来啤酒的时候轻轻在你耳边说："只有拥有梦想，才有机会实现。"在添酒的时候继续说："比起做得好，全力以赴更重要。"

让店里打出招牌说这家居酒屋会在每次添酒的时候在客人耳边小声说一名言（笑）。

客人因为觉得很有趣就会继续添酒，然后店员就会说："只要不放弃，人生一定能成功。"听到这样的话，客人就不想停下，想要再多喝一杯了吧？下一次店员接着说："不后悔的人生就是不断挑战的人生。"于是客人就会再挑战一杯，这家店要让客人喝多少酒啊！（笑）顺带一提，上面这些话都是福岛正伸先生的名言哟。

如果在店门口的路边遇到唱歌的音乐人，还可以上前搭话："外面很冷吧？要不要来我的居酒屋唱歌？还能喝点儿热乎的。”这样一来就能让居酒屋拥有一位音乐人。这么想的话，似乎有无数种方法能够让居酒屋变得有趣！

我儿子以前特别喜欢玩儿超级玛丽，但是现在已经不玩儿了，因为每一关都会按照他的想法顺利通过。

按照想法顺利进行的本质就是“无聊”，而挑战不知名的未来时会伴随着不安，但是有不安的地方同样有未知的可能性。

如果完全不用担心、前方的一切都尽收眼底的话，人们就不会兴奋，只剩下无聊了。

就算很不安也没关系，不安是兴奋的一种。描绘出自己的理想，在不安中前行吧！

对事情没有按照计划进行的看法：

把没有按计划进行当成“有趣”来看待。

把没有按照计划进行的事情当成享受的练习：

要让游戏变得有趣有两个要素：

首先，无论如何必须设定一个让玩家想要达到的目标。

用超级玛丽举例，拯救蘑菇王国的桃花公主就是目标（任务）。但是仅仅如此并不能让游戏变得有趣，还必须设置敌人（障碍），也就是马里奥的宿敌库巴大魔王。敌人（障碍）放在现实里，就是讨厌的上司、对手、没有钱、没有人手、店铺位置不好等，这些障碍是为了让游戏变得有趣的“设定”。

而游戏的有趣之处，就在于如何跨越障碍。

要描绘理想，决定想要实现的目标、想要完成的任务。

如果想开店，就要明确自己想开一家什么样的店。之后需要做的就是做好迎接困难的准备，一个接一个地克服它们。

有趣的游戏，就要开始了！

对“寂寞”的看法

当朋友打来电话说想马上去死的时候，你的第一句话会是什么？心理学博士小林正观说的竟然是“我想吃你做的土豆肉饼”。他是怎么想的呢？

心理学博士小林正观先生再次登场，请欣赏他天才般的对事物的看法吧。

一天晚上，小林正观先生妻子的朋友打电话来说自己想死。小林正观先生意识到事情的紧急性后对妻子说了什么呢？

“土豆肉饼！”

小林正观先生刚好收到了从北海道寄来的大量土豆，他让妻子赶紧拿着一箱土豆赶去打来电话的朋友家，然后对朋友说：“我想请你用完这些土豆，在明天早上之前为我做土豆肉饼吧。”

第二天，朋友打来电话让小林正观先生的妻子去取土豆肉饼。

“你请我做土豆肉饼，我很开心。因为你说早上就要，所以我一晚上没睡，一直在做，拼命做，然后想死的心情就消失了。”

就算是深更半夜，小林正观先生还是让妻子立刻去朋友家里将她的注意力从死转到了土豆肉饼上。

他并没有在嘴上说“不要死”，而是让这位朋友采取了做土豆肉饼这种具体的行动。因为有时候，人心不会被他人的话打动，而具体的委托会让人觉得“自己是被需要的”。

小林正观先生明白不被人需要的寂寞感能把人逼上死路。“在明天早上之前为我做土豆肉饼”，虽然这个答案很异想天开，却捕捉到了人心的本质，是非常精彩的回答。

我们都是活在羁绊中的人。正因为我们都生活在人与人之间，所以才被称为“人间”。

想让他人重新认识到人与人之间的羁绊，就要让他们感受到自己是被需要的。

“自己是被需要的”的这种需求，男性表现为追求被需要的感觉，女性则表现为追求被重视、被爱的感觉。无论是男是女，都能在人与人的羁绊中感受到巨大的幸福。

而无法感受到羁绊的情况，就是孤独。

这时，只要想到自己的“作用”就可以了。在家里的作用，在公司的作用，在朋友中的作用，对妻子（丈夫）的作用，对双亲和孩子的作用。给植物浇水的作用，带狗狗散步的作用，对面包店的老奶奶说一声你好的作用。包括发现你家附近路边盛开的花朵，也是只有你才能做到的事情，如果你不在了，那朵花一定会非常寂寞吧。

相反，如果自己的作用让你感到有负担，那我们也有放弃的自由。

比如我吧，之前我提到过我因为认生，一看到别人就脸红，性格内向阴暗，自己也十分烦恼。没想到我在大学毕业后竟然成了一名销售，我心里一直在担心卖不出去东西。当时我甚至没办法流利地完成产品说明，能做到的只有倾听，但是正是当时的倾听，最终起到了改变我人生的作用。

社长雇用了一无是处的我，也很照顾我，他对事物的看法也十分有意思，所以我非常喜欢这位社长。他每次来东京分社时会停留三天，这三天里一定会邀请我吃一顿晚饭，我总是津津有味地听他说话。

我听社长说话只是出于兴趣，不过也许在社长看来，可以利用别人倾听自己想法的时间重新审视自己吧。

我通过和社长一起度过的时间磨砺了自己对事物的看法，发现了不同的思考方式。

比如一位客人找社长商量："我女儿年纪不小了，现在还没结婚，真愁人啊。"

社长的回答是："你希望女儿早早结婚过不幸的生活吗？"

我不由得想吐槽这是什么破回答。

客人也说："社长，你这说的什么话！我当然希望女儿幸福了。"

然后社长接着说："那她现在一个人也过得很幸福不是吗？"

"没错。"

"那就这样保持下去不好吗？"

"啊，你这么说也没错。"

原来如此，做所有事情的目的都是为了变得幸福。

就像这样，我总是会认真地听社长说话，只是听着就能受益匪浅。

而社长也很欣赏我这一点，正是多亏了这点，我在社长身边干了很长时间后，既掌握了工作的方法，又能像现在这样向你传达看事物的方法。

发现自己身上承担的、能让自己心情愉快的作用，然后充分发挥，这样就能让内心充满喜悦，让这份作用变成你生存的意义。

对孤独的看法：

感到孤单时，就是寻找新的“作用”的时候。

仔细观察周围，用轻松的方法让他人露出笑容吧。

找到最适合自己的作用的练习：

有一种方法是为找不到自己作用的人准备的。

首先买来五面镜子，放在房间里显眼的地方。然后从今天开始练习微笑，每次看到镜子的时候就要微笑。

等到你能露出灿烂的笑容时，开始尝试完成别人拜托你做的事。用灿烂的笑容尽量接受所有别人拜托你的事。（借钱或者实在不愿意的当然要拒绝）

渐渐的，别人拜托你做的事会逐渐集中到某一种类型上，这就是最适合你发挥作用的地方了。

你看不到自己的脸，但周围的人能看到，他们也许比你更了解你的资质哟。

只要你露出笑容，周围的人就会将你的“命”“运”到最适合你的地方，这就是“命运”。

对0分的看法

我儿子还剩3个月就要中考的时候英语考了0分，我跟他说："爸爸还是第一次看到0分啊。"你们猜我儿子笑着说了什么？

本书的序言里提到了我的儿子，以及一件我儿子上小学的时候发生的事。他茁壮成长，在2018年迎来了中考。

在中考前3个月，也就是11月，又发生一件事：一部名为《垫底辣妹》的电影让我儿子决定了自己的命运。

《垫底辣妹》讲的是成绩垫底的辣妹花了一年时间让成绩急剧提升，成功考上庆应大学的真实励志故事。

看过这部电影后，我儿子说："爸，我懂了，现在开始学习还太早了，您也绝对应该看看《垫底辣妹》。"

不不不！一点儿都不早！

当时已经是11月，而私立高中的考试2月就要开始了，只剩下3个月时间！

结果，我儿子说了这样的话：“妈，就算我没考上高中也不会太难过，所以您不用担心。”

我妻子冲他大喊：“我会难过啊！！！”

接着，儿子明确说出了自己的梦想：“我的梦想是一辈子和父母住在一起！”

我翡翠小太郎为很多人的梦想加油打气，这还是第一次打从心底希望这个梦想“不要实现”（笑）。

下面揭晓竞猜问题的答案。

我儿子在马上就要参加中考时英语考了0分，我跟他说：“爸爸还是第一次看到0分啊。”

我儿子笑着说：“不过我对考试有自信。”

什么！有自信？一般人考了0分后绝对不会有自信的！（笑）

当时，受到巨大冲击的我从儿子身上学到了一件事。

比起得100分，能够在得了0分之后保持愉快的人，拥有能取得100分满分的潜力。

儿子在马上要参加考试的时候还能完全不学习，考了0分依然感受不到一丝一毫的悲壮感，无忧无虑地在放学后回家玩，觉得今天是人生中最快乐的一天。就是这样的儿子，有一天难得的在家里开始学习，然后他对我说："爸，我明白了！爸，考试的时候如果问题是顺时针还是逆时针，选逆时针就是对的！"

儿子啊，你究竟学了些什么？

"爸，还有呢。如果被问到成正比还是成反比？回答成正比就行了！"

我说儿子啊，你究竟学了些什么？

"爸，不光是如此。如果选项有abcde五个，选c准没错。"

我说儿子啊，你的学习方法本身就是错的（笑）。

老师因为担心我儿子，不时会打来电话告诉我们他能考的高中的情况。

于是儿子对我说："那个老师总是打电话来，是不是很闲啊。"

人家才不闲！带应考生的老师是世界上最忙的人！

老师推荐我儿子考某所私立高中，那所学校就算以我儿子的成绩也能考上。但是从家到学校要坐电车，而且需要换乘，路上要花将近一个小时，而我儿子晕车，所以对他来说上那所学校难度太高。我以为儿子会说不考那所学校，没想到他说要试试。

“嗯？你要去考吗？坐车要花一个小时才能到的高中你能上吗？”

“爸，小事一桩。一周去一次的话我就能上。”

我儿子从一开始就打算每周只去一天了，这又不是“磨洋工”，一周只用去一天（笑）。

那么，我儿子考试的故事终于来到高潮时刻了。

到了向真正想上的公立高中提交申请书的时候……

“啊！！那所高中报名人数不够，这样一来不合格的人也全都能通过了。”

于是，真的所有人都通过了！儿子，你运气真好！（笑）

我妻子这样形容儿子：“败给他了，那家伙是人生赢家！”

看来，乐观的人不会被抛弃啊。

儿子和朋友一起去学校交申请书那天，回来后果然对我说：“今天是我这辈子最开心的一天。”

就算他考了0分，他人生中最快乐的一天依然几乎每天都在更新。

猫猫狗狗只要做自己就很可爱，你也是如此，所以要试着原谅自己的无能为力。

明石家秋刀鱼说过：“得满分的只要有星空就够了。”

把得满分的任务是交给星空，如果我们只能得3分，就愉快地接受3分的自己吧。

最后，我把史努比漫画《花生》中的一句台词送给你：“人生就像冰激凌……要记得品尝！”

对0分的看法：

得0分也是你的个性。

人生不是需要取得100分的游戏，而是思考如何让只有3分的人生变得快乐的游戏。“缺点”是你不可或“缺”的“点”。

享受0分的练习：

在本子上写下自己所有做不好的事情和讨厌的地方。

然后在每一点前画上圈，全部画好后拥抱自己，小声告诉自己：“这样的我，很可爱！”（笑）

对不可能的看法

1000人挑战吉尼斯两人三脚世界纪录……本来是这样想的，但是活动当天只来了400人。离活动开始只剩下3个小时了，如果你是主办人，这时要说些什么？

人们感到惊讶的时候会脱口而出“哇噢”。

我有时也会经历让人脱口而出“哇噢”的时刻，而在传说中的著名酒店经营者鹤冈秀子身上感受到的“哇噢”却与众不同，记录下来应该是这样的：“哇噢噢！”

就像狼仰天长啸的感觉（笑）。

2011年11月3日。11月3日是把东日本大地震发生的日期3月11日倒过来的日子，鹤冈秀子想在这一天让大家打起精神，所以策划了一项挑战。

要让大家打起精神，最好的方法就是挑战世界纪录！她查了查什么样的挑战能打破世界纪录，发现两人三脚的吉尼斯世界纪录是500组1000人跑200米，如果能聚集到1000人，就有机会打破纪录，于是她决定在千叶县一所中学的操场上进行挑战。

挑战吉尼斯纪录时会有正式的审查员从英国赶来，但是鹤冈秀子的申请迟迟没有通过，对方也没有发来消息。时间一天天过去，通知却依然没有到来，等到吉尼斯方面终于发来消息时，距离挑战只剩下一个月了，这时再开始召集1000名参加者难于登天。

鹤冈女士急忙制作网站发布了通知，但是却没能如愿召集到足够的人数。

挑战地点在乡下，从东京站坐车需要一个小时，所以召集人数是一番苦战。到了挑战前一天的11月2日，申请者只有400人，还不到所需人数的一半。到了11月3日挑战当天，集合的人数比预约人数还少，只有350人，此时距离1000人还有650人的差距。

参与者为了挑战吉尼斯世界纪录，在休息日专程赶到千叶县偏僻的农村，甚至还有从外地坐新干线或者飞机赶来的人，两名吉尼斯审查员更是专门从英国赶来，如果没能挑战就结束的话，实在太遗憾了。

当天早上，鹤冈女士对宣传负责人说："媒体也有人来，想想怎么谢罪吧。"

要如何向赶来的350人道歉呢？

鹤冈女士站在操场上对大家说："各位！今天没能召集到1000名参与者，请大家拿出手机，给留在家里的爷爷奶奶、儿子女儿、爸爸妈妈、朋友们打电话，请他们尽快赶来这里吧！拜托大家了！"

事到如今，鹤冈女士依然没有放弃。

我和鹤冈女士合作过几次，明白"放弃"这两个字已经被她扔进了垃圾箱。而从现在开始，鹤冈女士的反转剧即将开场。

鹤冈女士站在操场中央，看到几名穿着隔壁高中棒球部制服的学生，于是跑过去对他们说："你们的队长在吗？"

队长确实在，于是鹤冈女士拜托他："如果队长邀请的话，社团里的其他学生也会参加吧，我和你一起去邀请他们过来可以吗？"

"……好，好的。"

队长刚一点头，鹤冈女士又看到不远处有穿着网球部制服的一群人，于是对他们说了同样的话。

其他工作人员从中看到了希望，一起坐着轻型卡车出发了。他们请求住在附近正在海上冲浪的人和购物的人："我们马上要挑战两人三脚的吉尼斯纪录，请上车帮帮我们吧。"不断有人被他们用车送到操场上。

鹤冈女士势头不减，甚至找到了这座小县城的县长（笑）。

"我们马上要在这里挑战吉尼斯纪录，请您用防灾广播请大家集中到操场上。"

这绝对不可能！

"县长，您会帮我们用防灾广播通知大家的吧？"

"啊……好。"

没想到就连县长也伸出了援手。

另一方面，操场上的参与者都拿出手机开始给朋友打电话。

这时距离原定的开始时间已经过去了40分钟。那么情况如何呢？

从英国赶来的吉尼斯审查员点了点人数。

"583……813……985……992……

1006！"

哇噢！

参与者已经超过了1000人。

就连县长也感动得含泪摆出了胜利的姿势！（笑）

参与者全员都喜极而泣。

这次活动比起挑战吉尼斯纪录，集合众人之力召集1000人反而成了最大的亮点，将不可能变成可能的挑战带给人们比打破吉尼斯世界纪录更大的感动。参与者的心中都开出了希望之花，觉得只要去做就能成功。

欢喜是有条件的，感动是有条件的，那就是“已经不行了”“不可能”的环境。从“已经不行了”的前提条件中诞生的感动，是全世界最动人的。

在其他人说“已经不行了”“不可能”“放弃吧”的时候，就已经集齐了“感动的三个条件”。

顺带一提，鹤冈女士在挑战的前一天，因为担心一件事而彻夜准备。她担心的是，如果当天来了1000人以上怎么办？

这是需要担心的吗？（笑）

尽管到前一天为止只召集了400人，但鹤冈女士依然熬夜准备了超过1000条绳子，用来在两人三脚的挑战中绑住大家的脚。

人们总说追寻梦想的人是“鲁莽的”，会说“不可能”“要认清现实”。但是鹤冈女士眼中只有“希望”，因为她想要看到“希望”。

“一切都从相信自己开始。”

——鹤冈秀子

对其他人说“已经不行了”“不可能”“放弃吧”的看法：

此时已经集齐了“感动的三个条件”。

陷入“不行！做不到！”的困境时的练习：

在觉得不可能时问问自己：“要想成功，现在需要做什么？”

要以成功为前提来思考，然后在本子上写出100件现在立刻能做到的小事依次完成。

如果依然不行，那就向县长求助吧！（笑）

顺带一提，成为作家后，被人邀请做讲座成了我的苦恼之源，因为我认生，在人前会紧张得说不出话来。所以最初的三年里，我拒绝了所有演讲的邀请，后来有一个人问我：“翡翠小太郎先生，为了让您能成功演讲，我需要做些什么？”

我从来没有以成功为前提思考过，在听到这个问题后，我仔细思考了一番。

我的答案是：“如果不用在很多人面前说话，我也许能做到。”（笑）

于是那个人包下一间小小的居酒屋，举办了一场不用在很多人面前说话的演讲。人数限制在20人以内，而且不是一次面对20个人说话，而是让他们一个接一个与我对话，等到跟所有人说过话之后，活动就结束。在不断举行类似活动的过程中，我渐渐能在20人面前讲话了，现在已经能在没有台本的情况下在1000人面前说两三个小时了。

以成功为前提思考，不要勉强自己，不断跨出一小步，你就会遇到崭新的自己，一小步就能改变世界。

带着100%的爱跨出一小步吧！

第五章

让心情豁然开朗的看人生的角度——让人生完全改变！

怒气上涌时的想法

特别紧急、让自己连夜赶出的工作，却因为“计划变更作废”，努力完成的工作全部白费了。一般人一定会觉得“别开玩笑了！”那么，这种时候应该怎么想呢？

答案示例：

头脑终于清醒了，接下来才要正式开始。

——大手门（京都）

装作不在，说您拨打的电话现在无法接通。

——不倒翁先生（大阪）

燃起怒火，燃烧殆尽，变成白灰……

——大太浩次（东京）

熬夜做出来的，都感冒了。阿……阿……阿嚏！

——野次（群马）

“开什么玩笑！我可不会原谅你的。”这样装作可爱地生气。

——翡翠小太郎

太棒了！

——咕咚呛（埼玉）

我的头衔是天才广告文案。

我自己说自己天才是有原因的，因为没有人这样说我，所以只好自己说了。

有问题吗？（笑）

不过神奇的是，在我自己说了之后，身边的人也开始这样说我了，说出口果然是好事呀。

因为这样（因为哪样啊），我除了广告文案的工作，还会接到创作卡通图案商品、创作吉祥物多个版本的台词的工作。

有一次委托时间很紧，要求一周交稿。虽然当时刚好要交书稿挤不出时间，但是我依然接下了这份工作。

在我熬夜想出方案的第二天，却接到了电话：“翡翠小太郎先生，实……实在太抱歉了，明明是我们这边提的委托，结果吉祥物的形象修改了。实……实在对不起，能不能请您为修改后的吉祥物想新的台词？三……天后要……”

“修改？别开玩笑了！我可是熬夜想出来的！”

这种时候发火说出上面的话也是可以理解的吧，不过其实我是这样说的：“哈哈哈哈哈，修改吗？！常有的事，改几次都行。”

负责人好像吃了一惊。他以为打电话告诉我设定突然修改我会生气，结果我却笑着说“改几次都行”。这件事发生后，那位负责人成了我忠实的粉丝，在公司到处跟别人说“翡翠小太郎先生真的很厉害”。

不过我也不知道他说的很厉害到底是哪里厉害（笑）。

从那以后，不断有报酬高的工作事先和我联系。

在想要大喊“别开玩笑了”的时候，在身处逆境时，越是困难，只要改变看法越能成为好机会。

你觉得是什么机会呢？是给对方留下传奇印象的机会。

在这种情况下，如果能笑着说“改几次都行”，你一定会成为对方心目中的英雄。

就算是我在那种情况下也会想说“别开玩笑了，我可是熬夜做了一晚上”（笑）。但是我忍住了，勉强自己保持笑容，因为我知道这样会给对方留下传奇般的印象。只需要说一句:“哈哈哈哈哈,修改吗?!常有的事,改几次都行。”

其实我心里想的是老是出这种事谁受得了(笑)。

因为觉得错不在自己,所以人在生气的时候会觉得可以冲对方发火。其实我也会有生气的时候,但是因为想要完成工作的心情很强烈,所以既然一定要重做,与其带着无可奈何的心情去做,不如带着为了成为传奇的心情去做,干劲会完全不同。

在对方感到困扰的时候更要超出对方的想象!只要这样想就能超越自己的极限。

说起来还有一件事。我有一次在酒店睡过头错过了退房时间,前台打来电话。

我以为前台的人会生气地说:“客人,已经过退房时间了。”结果酒店的人说的是:“您已经收拾好了吗?需要我们帮您搬行李吗?”这一句话让我深受感动。

在飞机上弄洒了咖啡的时候,空姐说的第一句话也是“没有烫到您吧?”我觉得在地毯上洒上了咖啡很抱歉,结果对方反而来担心我,这种时候我就会很感动。

另外,一家主题公园里有偷偷奖励给哭泣的孩子的贴纸。在父母看来,孩子哭是一件很苦恼的事,而公园的做法把这件事转向了积极的方面。

消极的事情才能成为创造感动的大好机会。

在想要怒吼“开什么玩笑”时的看法：

这是给对方留下铭记一生的传奇印象的机会。

在逆境中成为传奇的练习：

随时在本子上记录各种情况下能让对方感动的回应方式。

我给你举个例子，场景是约好见面的人迟到了，人物是之前提到过的福岛正伸顾问。

我的一个朋友本来约好了去福岛正伸先生的办公室开会，但临时出了点儿状况，便给福岛正伸先生打电话说估计要迟到一个小时。他是这样说的：“福岛正伸先生，实在抱歉，13点开始的会议我可能要迟到一个小时。”

福岛先生的回答是：“嗯？我的记事本上写的是14点开始，你放心，不要急。”

我朋友一听是14点，松了一口气，后来查看日程表的时候发现，上面清楚地写着13点开始。也就是说，福岛先生那番话，是为了不让他着急。

关心迟到的人时，站在对方的立场着想才是真正的

“关心”。我朋友在那之后见人就会说起这段福岛传说，于是这段故事也传到了你的耳朵里。

对吧？通过关心，让负面的事情成为传说！

再说一个我儿子的例子。

我妻子不擅长做饭，有一次她努力为我们做了炸肉排，但果然失败了，肉都烧焦了，当时儿子说：“这样反而挺好吃的。”

他的一句话就让我妻子眼含泪光，我也为他优秀的“反而”的用法感动了。

超出对方的想象3厘米，是一件会让人非常开心的事。

对垃圾的看法

据说戴水晶、翡翠等宝石就能有好运，但是说到世界上最能带给人好运的配饰，竟然是“手袋”。这是为什么？

有一本名叫《信号》的书中收集了各种跟灵力有关的信息。

我在与其中一位作者共同演讲的时候读了这本书，很受冲击。

书中介绍说“这个世界上最能带给人好运的配饰”是手袋。

听到答案时我真的大吃一惊，甚至觉得只有神仙才能想到。

手袋为什么会是好东西呢？

在手袋里装上超市买来的塑料袋，然后走在路上时可以捡起心仪的垃圾扔进去。扔进去的垃圾越多，手袋里的好运气越满，会成为其他灵力物件不能比拟的幸运饰品。捡回来的垃圾可以扔到家里的垃圾箱，或者其他垃圾应该去的地方，养成捡垃圾的习惯后，你就会变得无比幸运。

垃圾能让运气变好，我为这种精彩的看法而感动。

心有所感就要行动，这就是“感动”的意思，所以我立刻着手实践，当然也抱有实验的心思，想看看运气究竟会不会变好。

不知道为什么，捡起垃圾后心情真的特别好!

虽然被别人看到的时候有些不好意思，但我还是要捡。

想要把路边的垃圾全部捡起来当然是不太可能的，如果真那么做的话，估计一整天都走不了多远吧（笑），所以我给自己定了规则，每天只要在手袋里装一个垃圾就好。

哪怕和孩子一起走在路上的时候，我也会若无其事地捡起垃圾放进手袋里。孩子会刻意不去提这件事，我也不会说什么，总之就是心情很好，可能是我这一年里心情最好的时刻了（笑）。

这一定就是运气变好的标志了吧。因为我的心情变得特别好，就会觉得自己能活在这颗星球上真好。我变得喜欢上自己了，能够心情愉快地度过每一天。

一天有24个小时，能够一直陪在你身边的只有自己。所以喜欢上自己，会给生活带来巨大的影响。

德国著名文豪歌德曾经说过。“人类最大的罪是不快活。”只要保持愉快，就是“爱”啊。

自从我开始用手袋装捡来的垃圾之后，我身上最大的变化是嫉妒心变弱了。我也有竞争对手，以前看到竞争对手取得好成绩时会自然而然地产生嫉妒的情绪。但是最近，我开始觉得“只要地球能变得更好，是谁在努力都可以”。

能够体会到地球的心情让我自己也很惊讶（笑），虽然只是一件小事，但胸怀却有地球那么大！（笑）

虽然有些晚了，但是翡翠小太郎已经成长为能为竞争对手的成功而高兴的人了，多亏了捡垃圾。

前几天，我坐在新干线上眺望窗外的风景时，不知不觉地想到“为了让地球更加美好，我要努力啊”。

我怎么变得这么温柔了？！（笑）

虽然人不可能一直保持这样温柔的状态，不过我保持温柔的时间正在一点点延长。

我一直以为是温柔的心情孕育出温柔的行动，但是反过来也成立，温柔的行动能够孕育出温柔的心情。

只是一个手袋，都是因为一个能装垃圾的手袋。

对垃圾的看法：

垃圾是能让人运气变好、心情变得温柔的幸运物。

喜欢上自己的练习：

准备一个喜欢的手袋，先尝试21天。

·每天捡一个垃圾也OK！

·无视擦过鼻涕的纸巾这种难度高的垃圾也OK！

·不要因为没有捡的垃圾而产生罪恶感！

·就算有一天忘了捡也OK！想起来的时候继续就好。

我就是按照这种宽松的规则进行实践的（笑）。

每天捡一个垃圾也许没有意义，但是捡了这一个垃圾确实能让地球变得干净一分。

只要坚持去做，心情就会越来越好，变得越来越喜欢自己，能够开心地度过每一天。请一定要试试，第一步，是买一个可爱的手袋。

对悲惨过去的看法

都说过去无法改变，其实有一种方法可以改变过去，这就是改变??。那么??是什么呢？

给大家讲一个我朋友的故事。

他在上小学一年级的时候得了痉挛（会不停地做眨眼、点头、皱眉头之类的动作，不受本人意识的控制），所以被同学们欺负。从那以后，他陷入了妄想中，不断地思考要如何才能最轻松地死去，比如被雷劈中，或者在富士山的树海中孤独地死去。

他心情阴郁地活到了找工作的年纪，依然完全看不到梦想和希望。

直到一天，他无意中参加的一场猎头公司说明会改变了他的人生。

猎头公司的社长安田佳生先生在说明会上讲了他自己的故事。

安田佳生先生小时候性格阴暗，学习不行，运动也不行，在班上被人欺负。他在18岁的时候带着逃离日本的心情去到美国一所大学学习生物，结果因为做不好研究又从美国逃回日本参加工作。

但是他不善于在规定时间内完成规定的工作，也不擅长和不认识的人交流，甚至没办法接陌生人的电话。于是他觉得自己不适合做普通职员，只能成为能自己决定工作内容的社长，所以他在不断摸索中开始创业。

后来，就算他提到自己那段无能的过去，别人的回应都变成了“创业的人果然与众不同”或者“能够义无反顾去美国，您的行动力真强！”之类的。

“不不不，不是这样的，我只是逃过去了。”就算安田佳生先生说实话，对方也会说“您谦虚的品质令人敬佩”，然后继续夸赞。

我朋友听了安田佳生先生的话后受到了很大的冲击，他从中明白了一个道理：“未来并不是由过去的实际成绩决定的。”

那么事实是什么样的呢?

“未来的成绩能改变对过去的评价。”

在那天之前，他一直被过去受欺负的记忆所束缚，一把名为精神创伤的锁锁住了他的心房。他放弃了自己，觉得“自己一事无成”“人生没有希望”。但是他听到这句话之后，感到眼前的路豁然开朗。

“没错！不要再被过去束缚而犹豫不决，去创造能扭转过去的未来吧。”从那以后，他变得能够面向未来了。

我的这位朋友名字叫橘修吾郎，现在是一位著名的生活咨询顾问。

我想告诉一直为痛苦的过去所困扰的你，就算你有想要消除的过去也没有关系。

因为过去的精神创伤并不会决定你的未来。

而未来，可以改变过去。

未来的你会拯救过去的你，你只需要竭尽所能，然后等待自己的拯救。

无论何时，未来的你都会爱着现在的你。

对过去的看法：

过去是可以改变的。

未来会改变过去。

改变过去的练习:

什么样的未来能重新书写你的过去呢?

找一个风景优美的地方,吃着美味的蛋糕,带着激动的心情想象最美好的未来吧。

对自卑的看法

上天不会把幸福当作礼物，上天的礼物一直都是“??”。那么??是什么呢?

2004年8月9日，我开通了博客，开始写后来成为我第一本书的内容。

在13年时间里，我一共写出了48本书。有关于历史的、关于名字的、关于英语的、传达日本魅力的，也写过伟人传记、汉字书，为北极熊和蜗牛的照片配过故事。所有书都有一项最基本的主题：用什么样的方法看世界才能够开朗愉快地生活下去。

48本书，虽然每一次的切入点都不同，但是基本的主题全都一样。

说起我为什么能写出这样的书，是因为——我曾经比任何人都阴暗，没办法开朗地生活。

所以我从学生时代开始就一直在研究要如何思考才能让心情变得愉快。因此，我现在才能从向读者传达对事情的看法的过程中感受到巨大的喜悦。

我上大学的时候，完全无法融入身边人的圈子，交不到朋友，回到家后就一个人窝在四叠半（译者注：一叠相当于1.62平方米）的房子里。因为太寂寞，我也有过独自哭泣的时候，也有不停在本子上写着“我不想就这样死去，不想就这样死去，救救我吧”的日子。

那个时候，强烈的孤独感在内心深处掀起漩涡。

为什么这么寂寞？为什么这么悲伤？为什么这么痛苦？

当时，我觉得自己是因为没有女朋友才寂寞。

但是现在我明白了，不仅仅是这个原因。

为了什么呢？

为了今天的相遇，为了让你的心情变得明朗。

当我回顾此前一切烦恼、自卑和痛苦的日子时，我明白了，一切都是为了让未来与我相遇的人变得开朗。

你现在的苦恼也是如此。

为了给未来某一刻会与你相遇的人点燃希望的灯火，

你才会经历现在的苦恼。

这样一想就能战胜苦恼了，对吧？

人会后悔，会流泪，会被无法承受的悲伤打倒。

但是，一切都会成为未来的食粮。

过去的一切，都会成为未来的食粮。

就算现在没办法产生这样积极的想法也没关系，因为在未来的某一天，当你再回顾过去时，一定能够积极面对这一切。

过去是你的伙伴，未来同样是你的伙伴。接受变化继续走下去吧，你现在就走在最好的道路上。

对苦恼、自卑的看法：

苦恼是未来的希望之种，是为了让未来某一刻会与你相遇的人心情变得开朗的种子。

自卑是一份特殊的礼物，是为了让你成为最好的自己。

看到苦恼背后的希望的练习：

请想出你现在拥有的一个苦恼。

你从中得到了什么？你因为这份苦恼遇到了谁？

接下来让我们面向未来提问。

你想从这份经历中学到什么？通过战胜这份苦恼，

你能获得怎样的成长?克服这个问题时,你会获得怎样的幸福?

所有烦恼,都是为了加深你心中的爱。

最后的致辞　对人生的看法

印度国王问一位家臣："这件事你是怎么想的？"家臣通过对这个问题的回答得到了国王的信任。那么，这位家臣说了什么呢？

《真心承认"这样就好"的活法》（野口嘉则）中写到了一段古印度国王遮那竭王的故事，我希望给大家分享其中提到的看事物的方法。

遮那竭王有一位名叫阿修达巴库拉的家臣，当国王问他"这件事你是怎么想的？"时，他总会有一个固定的回答。

无论国王问的是什么，阿修达巴库拉都会说这一句话："发生的所有事都是最好的。"

无论发生什么，只要这样说都不会错，结果他得到了国王充分的信任。

但是其他家臣们逐渐开始嫉妒阿修达巴库拉，一天，国王的手受伤了，其他家臣们设下圈套，问阿修达巴库拉怎么看待国王受伤的事。如果他回答“发生的所有事都是最好的”，国王就会认为他为自己受伤感到高兴，肯定会修理他。

那么阿修达巴库拉是怎么回答的呢？他的回答仍然是：“发生的所有事都是最好的。”

其他家臣们立刻向国王告状：“国王陛下！阿修达巴库拉说国王受伤是最好的。”愤怒的国王将阿修达巴库拉关进了牢房。

后来，国王出门打猎时被食人族抓住了。那个部族在举行仪式时会把活人用火烧死来献祭，在他们即将把国王烧死前发现了国王手上的伤。部族的规矩是祭品身上不能有伤，所以国王因为对他们没有用处而被放了回来。

国王平安回来后，将阿修达巴库拉接出牢房并向他道歉：“你说的没错，我的手受伤是最好的。我该如何补偿这次过错呢？”

阿修达巴库拉说：“如果您没有把我关进牢房，我就会跟着国王陛下一起去打猎，一起被抓住。然后没有受伤的我就会成为祭品，所以您将我关进牢房是最好的。”

国王恍然大悟：“人生中发生的所有事真的都是最

好的。”

我看过针对美国成功人士们的调查，发现了一件事。

他们在成功的原因中写得最多的三条是“生病”“破产”和“失恋”。

多亏了那场病……多亏了那次破产……多亏了失恋……

这些都是所谓的不幸，都是会让人感到失望的事情。但是他们将这些痛苦变成了“重新深刻认清自己的机会”，改变了生活方式，于是转祸为福。

也就是说，“失望”才能成为“希望”的一部分。

最后我要说一个朋友的例子。

他的艺名是TENTSUKU MAN（轨保博光），因为想拍电影辞去了吉本艺人的工作，但是制作自己想拍摄的电影需要6000万日元。他为了存钱，选择成为一名路边诗人，坐在路边拿着笔墨，竖起了“看着你的眼睛写下一句话”的招牌。

刚开始时，一天的销售额是350日元。假设每天挣350日元，想要挣到6000万日元的话，需要花费17万1429天，大致相当于469年，从室町时代工作到现在才能凑够。但是他在开始行动的时候完全没有考虑能不能做到，只是下定决心要用这种方法挣到6000万日元后便毅然决然地坐在了路边。

但是，销售额始终没有上涨，他每一天都茫然不知所措，有时还会被误以为是新兴宗教。直到一名女高中生出现，希望他能为自己写一句话。

他一见到这个女孩，脑海中灵光一现，下笔如有神。当女孩看到他的诗后，眼泪哗哗地流了下来，留下一句“谢谢，我会努力的”笑着离开了。TENTSUKU MAN此前一直自卑地认为“自己很无力，不能在社会上派上用场”，而从这个瞬间起，他开始相信这样的自己也能成为他人的力量。

从那以后，他的生活发生了巨大的变化，每天的销售额都超过1万日元，建立了自己的工作室，甚至还开了个展览。

但是就算每天能挣到1万日元，要攒下6000万日元也需要16年的时间。

就在他觉得必须做出改变时，工作室竟然遭遇了火灾！

不过就算失火，他当天的工作依然按照预定进行，他带着一身焦臭味来到个展会场，在开场演讲上带着玩笑的口吻说:“各位，其实我有个相当火热的事情要报告给大家，就在刚才，我的工作室着火了！太火热了！因此，请大家一定要多多买我的书籍和周边啊。”于是，展览周边大卖。

而且香川县的一家百货店被他面对火灾依然努力的态度感动，希望他一定要实现梦想，在电视上放了将近 50 次广告，为他的个展进行大规模宣传。

之后，会场的客人爆满，一周卖出了 700 万日元。个展的最后一天，他充满感激地边哭边写下了新作，听说百货店的员工们也流下了眼泪。

托这次火灾的福，梦想着一起拍电影的同伴们齐心协力在 11 个月的时间里赚到了 6000 万日元，成功拍出了电影《创造天堂》。

奇迹从那场火灾开始。也就是说！人生中发生的所有事都是最好的!

最糟糕的事可以变成最好，就从你下定决心将糟糕的事当成最好的那一刻开始。

而下定决心所需的时间是——

没错，0.1 秒!

正因为糟糕才要露出笑容。

在最糟糕的情况下哼着歌，你哼唱的歌曲正是将“最糟糕”变成“最好”的契机。

最好的事会让你变得幸福，最糟糕的事会让你变得温柔。

人生就是持续100年的暑假，来吧，好好玩耍。

结语

“爸爸，爸爸，树上有独角仙！”

儿子兴奋地捉住独角仙，放在笼子里珍惜地养在玄关。

但是有一天，我回家的时候刚好看见儿子在玄关给独角仙喂食。“哦哦，让我看看独角仙。”正当我打开笼子、抓着独角仙的角把它提起来的瞬间，只听一声“啪啦”独角仙突然飞上高空，消失在了黑夜中。

“……”

儿子呆在原地说不出话来。我把儿子视若珍宝的独角仙放跑了……

但是儿子完全没有责怪我，只说了一句话：“爸爸，原来独角仙会飞啊，我还是第一次看见。”

但是我看见儿子说话时耷拉着肩膀，心里很难过。

妻子知道后说了一句话：“独角仙离开笼子时一定很开心吧，它飞上天空的时候一定很开心。”

我正在因为放走了儿子视若珍宝的独角仙而自责，儿子顾及我的心情完全没有责怪我，妻子反而因为体会到独角仙的心情而兴奋，女儿则看着一切微笑。

面对同一件事，众人的心情各不相同。

让我深感悔恨的失误在妻子眼里变成了逆转全垒打。

在我自责时，儿子体谅到了我的心情，妻子因为独角仙起死回生的逆转而激动。

“悲伤”和“体谅”一定是一对双胞胎，悲伤诞生时，背后一定会悄悄出现体谅。

在这十年里，我一直在写书。

很多人都说“翡翠小太郎先生的书改变了我的人生”“我深受鼓励”，不过其实正相反。

在我看来事情完全相反，在这十年里，是你改变了我的人生。

因为有读者，作家的工作才有意义。

我很喜欢写书这项工作，而支撑着我的正是你。

多亏你的存在，我才能像现在这样开心地不断写书。

生活顾问大久保宽司先生告诉了我“人”这个字的意义。

“人”由右边的一捺支撑着左边的一撇，如果去掉左边被支撑着的撇会发生什么呢？

起到支撑作用的一捺也会倒下。

看似被自己支撑着的人其实也在同时支撑着自己。每个人都在被自己所支撑的人们支持着，这就是人生的真谛。

所以日本人会说：“托你的福。”

托你的福，我才能继续写出新书。

托你的福，我今天也能够怀着期待生活。

托你的福。所以，在最后的最后，我要送给你一句话。

感谢你出生在这个世界上！

打从心底感谢你买了这本书！

我最喜欢你了！

嗯？！你还买了送给重要的朋友？

真是太感谢了！我愈发喜欢你了（笑）。

现在，我从自家的窗户向外看去，能看到蔚蓝清澈的天空中飘浮着云朵。

我知道，你的心就是这片清爽天空。

翡翠小太郎

特别附录

最后为大家送上翡翠小太郎精选的特别的"看法名言"。

所谓名言，就是很会看事物的人们总结出的珠玉之言。其中浓缩着看事物的精髓，我把这些珠玉之言改编成对谈的形式送给你。

我失恋了。

"好不容易失恋了，一定要把这段经历写成和歌。"

——俵万智（歌手）

但是我不会做和歌。

"无论多么痛苦悲伤，岁月一定能抚平一切伤痛。在京都，这被称为'日日药'。"

——濑户内寂听（作家）

我已经受了太多伤害。

“会受伤，是因为活着。”

——高见顺（作家）

我的面前一片黑暗。

“面前一片黑暗是非常积极的说法哟。一片黑暗有什么不好，说不定其中就隐藏着谁都没有见过、无论多有经验的人都不了解的美好事物。”

——甲本雅裕（音乐家）

就连桌子上的花都枯萎了。

“无论花开花谢，只要它还活着，它就是花。”

——安东尼奥·猪木（前职业摔跤选手）

所谓人生，真的不会按照自己的想法进行。

“如果想到的事全部实现就会很危险，三件事中实现一件就刚刚好。”

——松下幸之助（松下创始人）

我对未来感到不安。

“因为不安是不会消失的，所以请放心地感受不安吧。”

——小泉吉宏（漫画家）

真是的，我不知道该如何是好了。

“大家一开始都不知道如何是好。”

——孙正义（软银创始人）

我开开心心地去打高尔夫，结果迟到了。

“这又不是工作，认真点儿啊！”

——天守（对打高尔夫的时候迟到的朋友说）（艺人）

去钓鱼却钓不上来。

“钓不上来的时候，就把这当成是鱼送给我们的时间。”

——海明威（作家）

心里有事放不下……

“只有放不下，才能看清各种事。”

——北野武（电影导演、艺人）

结果不得不写检讨。

“在我们公司，从没写过检讨的销售不能升职成店长。”

——小山升（武藏野社长）

为什么会这样？

“工作就是从问‘为什么会这样’开始的。”

——小仓昌男（前大和运输社长、会长）

都怪我自己。

“为什么要自己责备自己？别人会在必要的时候责备我们，这就够了不是吗？”

——阿尔伯特·爱因斯坦（物理学家）

我又三天打鱼两天晒网了。

“三天打鱼两天晒网是OK的，坚持三天就很了不起了。”

——松岗修造（前男子职业网球选手）

跌入谷底了。

“跌入谷底时更要露出笑容。”

——西原里惠子（漫画家）

我绕了远路啊。

“虽然绕了一大圈路，但这是你自己的路。”

——米歇尔·恩德（作家）

啊啊啊啊，这种时候家里竟然着火了！

“很少有机会见到这么严重的火灾，一定要好好看着。”

——托马斯·爱迪生（研究所着火时）（发明家）

什么都没了……

“不要追求自己没有的东西。”

——藤原美智子（美容大师、艺人）

那么只要活着就可以了吗？

“只剩这条命了，但是，还有这条命，这就是希望所在。”

——团鬼六（作家）

理所当然的事情其实不是理所当然的吗？

“一百年前，我不在世界上。一百年后，我不会在这个世界上。这个世界一定不是任何人能够理所当然地存在的地方。”

——谷川俊太郎（诗人）

我想开始做些什么。

“人生中，碰碰运气很重要。宇宙会排除犹豫不决的人。我想去爱，想经历失恋，我想要的是经历。”

——尼古拉斯·凯奇（演员）

重要的不是结果，而是经验吗？

“失败又读作经验。”

——乙武洋匡（作家）

这样啊，不用担心失败吗？

“超越成功和失败的想法吧。”

——栗城史多（登山家）

我没有对这本书抱有期待，没想到是本好书，要不要借给朋友呢？

“书不能借给别人，借出去的书就回不来了。我书房里剩下的书都是别人借给我的。”

——阿纳托尔·法朗士（作家）

“好了，我要说的都说完了。接下来，你的人生将要开始快速进攻了。恭喜！”

——翡翠小太郎（天才）

解说“《事物的看法解密》在拘留所掀起热潮？！”

我是古田真一。能为翡翠小太郎先生的书写介绍，我感到十分荣幸。

托这本书的福，我人生中的“最糟糕”变成了“最好”。我的人生也被《事物的看法解密》所拯救。

如今，我和翡翠小太郎先生已经成为关系很好的朋友，其实这段缘分开始于拘留所！（笑）

“嗯？！警察的拘留所吗？”你一定会这样想吧。

首先，请允许我做自我介绍，讲一讲事情的经过。

我是大阪八尾一家保险综合代理公司的管理者，也是一家隐蔽的会员制河豚店“大阪虎豚会 佐一郎公馆”的房东。我从27岁开始经营保险公司，托那些优秀客户的福，同时也在大家的支持下，公司走到了第十个年头，有了超过1000名客户。

托这些客户的福，我有了自己的房子，家人都能微笑着度过每一天。

我老家的房子面积有300坪（译者注：1坪大约相当于3.3平方米），是一座已经有1000多年历史的老房子。我父母住在那里，因为二老已经上了年纪，这座房子面积太大住起来不方便，所以他们在别处购置了房产。

父母把空下来的老房子交给我处理，我打算把它卖掉。等父母同意后，我对一位木工师傅说想要卖掉房子，他对我说："如今这个年代这种房子很少见了，拆了就太可惜了。"

我的老家在村子里，因为交通真的很不方便，我在思考该如何让它派上用场时，想到可以建一个让公司现有的1000名客户娱乐的地方。在我考虑做些什么能让客户开心时，脑海中浮现出"大阪虎豚会"这个名字。

我将一间房子改建成了没有招牌的店铺，实行会员制，虽然是一家十分隐蔽的河豚店，不过每一个被邀请来到这里的客户都不仅仅会感到开心，而且非常感动。

"对了！我去问问有没有河豚店的老板能租下这间房子吧。"

我觉得不能光是嘴上说说，于是立刻去找了河豚店的老板。

老板一见到我之后就说："我现在的店是在公寓里开的，我已经厌倦在公寓里开店了。刚好我的下一家店想开在大阪，前一阵刚刚想过要不要在老房子里开。"

我听了他的话吓了一跳，对老板说："我今天来吃饭，就是来找你谈这件事的。"老板也大吃一惊，立刻来看了我家的老房子。

他看过之后说："这个地方交通太不方便，很不适合开店啊，但是很适合作为秘密基地，我和你一起做吧！"于是我就成了河豚店的房东。

我是古田家的第十八代传人，托河豚店老板的福，从祖先手上代代相传的房子没有被拆掉，而是被重新利用起来，给祖先、家人、客户和与我有缘的人们带来了欢乐，我十分感谢这位老板。

2015年8月店铺开张后，我每天都过着远远超出原本的梦想和目标的日子，每天都幸福满满。但是就在这时，我竟然突然被逮捕了。

那是2016年5月24日，这件事登在了报纸上，每天在新闻中播放，甚至上了雅虎头条。我被逮捕的原因是给客户提供养殖河豚的肝脏。

大阪的法律规定不能提供养殖河豚的肝脏，但我一心想让客户开心，确实提供了违法的东西，我认真反省后交了罚金赎罪。

从逮捕那天开始，我在拘留所被关了22天，那里的生活十分残酷。每天都要接受8个小时严格的调查，我每天都要一次次地反复陈述从出生到现在的经历，真是痛苦万分。

而且我所在的房间面积还不到四叠，我要在这里和另一位服刑者共同生活，连厕所都是露天的。

每天21点以后要就寝，因为厕所冲水的声音太大，21点之后就算上了大号也不能冲水。和我同寝室的室友31号（进入拘留所之后会称呼编号而不是名字，顺带一提，我是54号）不让我在21点之后上大号，但是他自己却依然会上大号。那股味道一直到早上都不会消失，臭到让我火大。

就寝时要熄灯，不过房间里面的灯却不会关，电灯的光全都照在人脸上。拘留所里不能趴着睡，也不能蒙着被子睡，所以灯光一直照在脸上晃得我睡不着觉。而第二天又要继续接受严格的调查。

在拘留所生活到第四天，我因为痛苦而感到面前一片黑暗……

当时每天有10分钟探视时间，妻子来看我的时候带来了翡翠小太郎先生的《事物的看法解密》。

我立刻试了试书中提到的看问题的方法，因为拘留所这个地方很适合进行让一切好转的实验。

首先，我试着思考如何看待进入拘留所这一事实。一开始我觉得自己进了一个绝对不能进的地方，接着我改变了看法，试着去想就算出身名门的贵妇人能说出“我昨天还在摩洛哥旅游哟”，也一定说不出“我昨天还在拘留所”，这地方就算再有钱也进不来啊。

于是我意识到这是与众不同的珍贵体验，而经验就是财富。就在这个瞬间，我从消极的思考螺旋转向了积极的思考螺旋。

就连每天一遍遍地说着从出生到现在的经历的痛苦调查也变成了练习，是为了将来能在别人面前讲述自己的故事。这样一来，警察们表情恐怖地认真听我说话也成了值得感激的事。

面对室友31号晚上拉的大便，原本我只觉得臭到不能忍，现在也可以安慰自己这种气味越闻运气会越好了。

面对晚上打在脸上的耀眼灯光，原本我觉得晃得人睡不着觉，现在也可以当成温柔包裹着我的光线了。这样一来，我觉得仿佛每天晚上都在被灯光保护着而睡得十分香甜。

我觉得只有我一个人经历这种革命性的改变太可惜，于是就把《事物的看法解密》推荐给了室友。读过这本书的31号对我说了一句很让我惊讶的话，31号对我说：“54号，谢谢你让我看了这本书。如果能早一些遇到这本书，我想我的人生就不会走到这一步了……”（顺带一提，31号是因为兴奋剂进的拘留所。）

我深刻地感受到，和一本好书相遇，拥有改变一个人的力量。

读过这本书之后，31号就像变了一个人。他以前一直摆出一副可怕的表情，读过《事物的看法解密》后，他会在我面前露出孩子般天真的笑容，我们会互相开玩笑，成为关系很好的朋友。

书中有一句名言：“无论多么痛苦悲伤，岁月一定能抚平一切伤痛。在京都，这被称为‘日日药’。”31号自信满满地说：“54号！我也会写出不输于这句话的名言！”

他想出的话是：“做坏事伤害他人，一定会遭到报应。在拘留所，这就叫作‘自作自受’。”我见证了31号的才能开花的瞬间（笑）。

黑暗的拘留所中无以言表的沉重空气，因为翡翠小太郎先生的书变得明朗。在我不断练习看问题的方法时，离开拘留所的日子到了，我交过罚款后离开了这里。

走出拘留所后，我实在很想对翡翠小太郎先生表示感谢，于是我给翡翠小太郎先生发了一封邮件，里面有我的自我介绍和被逮捕的过程，我还在邮件中写了在拘留所时，是翡翠小太郎先生的书拯救了我，因此希望能够当面致谢。

大约过了两个月，在一个早上，我开心地收到了翡翠小太郎先生的回信。上面写着："古田先生，你的故事很有趣。12月3日我要在大阪举办讲座，如果方便的话能来参加吗？"

我一心想亲眼见到翡翠小太郎先生并表示谢意，12月3日，我带着激动的心情来到了讲座现场。

这是我第一次见到翡翠小太郎先生，他全身散发着温柔的气息，我开心地说："初次见面，我是古田。"翡翠小太郎先生则说："啊！是那位被逮捕的先生吧。"（笑）然后他接着对我说："今天我要举行演讲会，方便的话，古田先生也上来讲几句吧？"我从来没有在这么多人面前讲过话，更何况今天的演讲会有100多人前来参加。

不过，看事物的方法已经在我心里掀起了一场革命，我觉得这是个好机会，于是回答："请一定要让我上台！"尽管这样说，坐在座位上时我依然紧张得心都要跳出来了。

演讲开始后，翡翠小太郎先生突然说："今天，我的一位朋友从拘留所来找我玩了，请他上台！"真是不得了的介绍（笑）。

我走上讲台，面对100多名听众紧张到大脑一片空白。糟了……

但是！在我大脑一片空白时，竟然有另一个意识操纵着我开始流利地做起自我介绍！

在我思考究竟发生了什么时，我想到了原因："对啊！我在拘留所里每天一遍又一遍地讲述从出生到现在的经历，现在在这里用上了！"

我真想抱着当时严格调查我的警察对他说声谢谢（笑）。

自我介绍结束后，参加演讲会的人们对我说的故事很感兴趣，希望我能自己办一次演讲，甚至连当天演讲会的主办方也说："下一场2月举行的演讲会讲师还没定，能拜托您担任吗？"翡翠小太郎先生笑眯眯地看着我："古田先生，真是太好了。2月的演讲会我也会去听的。"我几乎就要热泪盈眶了。

托这本书的福，被逮捕这种"最糟糕的事"变成了"最好的事"。

从那以后，我每天都过着奇迹般幸福的日子，一边做着主业的保险工作，一边做着河豚店的房东，还在全国举行演讲，就连保险也做到了日本第一销售的位置。我做梦都没想到在被逮捕后反而得到了客户的支持，让我成功登上了日本第一。

“最糟糕的事”真的成为“通向最好结果的门”，我的心中只剩下感谢。

我从中学到一件事，乍一看不幸的事也可以换一种方法去看待。人生可以从任何时候开始重来，过去的事、已经办砸的事虽然无法改变，但是对这些事的看法可以随意改变。根据看法不同，人生随时都可以转向美好的方向。幸福地生活在当下，可以让未来也变得幸福。

这就是《事物的看法解密》教会我的事。

最后，我写这篇介绍文是希望拿到这本书的你今后能够掌握出色的看事物的方法，过上更加幸福的每一天。

翡翠小太郎先生，恭喜你的书又影响了一位读者。

一直以来都很感谢你，谢谢。

古田真一

你不努力，谁也给不了你想要的生活

吉林文史出版社
JILINWENSHICHUBANSHE

图书在版编目（CIP）数据

你不努力，谁也给不了你想要的生活 / 焦庆锋编著
. -- 长春：吉林文史出版社，2019.3（2025.6 重印）
ISBN 978-7-5472-6035-7

Ⅰ. ①你… Ⅱ. ①焦… Ⅲ. ①成功心理—通俗读物
Ⅳ. ① B848.4-49

中国版本图书馆 CIP 数据核字 (2019) 第 044288 号

你不努力，谁也给不了你想要的生活

NI BU NULI，SHEI YE GEI BU LIAO NI XIANGYAO DE SHENGHUO

编　　著 / 焦庆锋
选题策划 / 文文姐姐
责任编辑 / 孙建军　董　芳
出版发行 / 吉林文史出版社有限责任公司
网　　址 / www.jlws.com.cn
版式设计 / 晴晨时代
印　　刷 / 三河市祥达印刷包装有限公司
版　　次 / 2019 年 3 月第 1 版　　2025 年 6 月第 3 次印刷
开　　本 / 880mm × 1230mm　1/32
字　　数 / 75 千字
印　　张 / 5
书　　号 / ISBN 978-7-5472-6035-7
定　　价 / 29.80 元

有一句话写得好：现在就努力，争取自己想要的生活。碌碌无为，只能用大把的时间来应付自己不想要的生活。这句话一针见血地指出了付出与回报的关系。在人生路上，没有谁能轻易取得成功，那些取得巨大成就的人，一定付出过你所不知道的辛劳。成功是需要积累的，只有付出巨大的努力与艰辛，一步一步踏实走下去，我们才能走到成功的彼岸。

而现实生活中，有很多人，特别是年轻人，往往静不下心来脚踏实地的去做事。他们渴望一夜暴富，很多人寄希望于彩票，他们把钱和精力投入到机率非常低的投机性游戏上去，结果又有几个人能中得大奖呢？我们为什么要努力？答案很简单：努力就是为了将来美好的生活。曾经有一档访谈节目里采访一位女演员，主持人问她给父母买房子用不用跟丈夫商量，她想也没想回答说："不会，因为我买得起。"这真是一个很酷的回答，但是有谁知道这份从容的回答背后，需要付出多大的努力？我们拼命努力，就是为了让自己在喜欢的东西面前不用犹豫，为自己和家人创造更好的生活条件，当你拥有了这份能力，那是任谁也拿不走的。

如果一个人不努力，就会不断地被别人超越，好机会都会被别人抢了先机，到最后只能生活在社会的最低层，没有良好的人

脉，没有创业的机会，心中的梦想都将无法实现，长期下去，就可能让一个人失去斗志和信心，找不到人生的动力。

为了让更多的人活在当下，学会努力，避免因思想涣散和行为懒惰而导致的失败，让更多的人获得成功，我们编撰了这本《你不努力谁也给不了你想要的生活》。本书富含哲理，通过大量的真实案例让读者朋友明白努力进取的重要性，让大家从容漫步人生，品味人生精彩！

目录
Content

第一章
你的人生不可以一事无成 / 1

现在的坚强，成就未来的自己 / 2

热爱是安稳的基石 / 6

理想，是人不断向上的车轮 / 9

生于忧患，死于安乐 / 13

成功是 99% 的汗水加 1% 的灵感 / 18

一份耕耘，一份收获 / 20

波澜壮阔的人生最有意义 / 23

真正有价值的生活是令人尊敬的 / 26

鸟儿翱翔天空展开的是自己的翅膀，而非其他 / 29

第二章
坎坷是人生的必修课 / 33

丢掉抱怨，珍惜生命，活在当下 / 34

世上无难事，只要肯攀登 / 36

过去的已是过眼云烟，拥有的才是实实在在 / 39

目录 Content

失去的只是过程，而非结果 / 41

不完美是这个世界的本质 / 45

尊重生命，活出自己人生的价值和精彩 / 48

将来的你一定会感谢现在拼命的自己 / 50

年轻人，你需要的是一个公平的机会 / 54

快乐才是人生的主旋律 / 56

第三章
一生如此短暂，人不能与草木同朽 / 59

人的一生很短，需要一盏正确的航灯 / 60

理想是我们前行的航向 / 62

梦想能助你实现从平庸到卓越的跨越 / 64

有雄心就能成就自己的梦想 / 67

梦想是要努力实现的 / 69

既然有梦想，那就努力去实现它 / 71

临渊羡鱼，不如退而结网 / 74

人生匆匆，人到底为了什么而活着？ / 76

人生在世，总得做点什么贡献 / 80

尝试就是积极进取最好的证明 / 84

时间面前，几乎没有什么永垂不朽 / 87

不要抱怨，努力活出样子来 / 91

不要人云亦云，而是要做独一无二的自己 / 94

第四章
没有人永远失败，失败是上帝的馈赠，是成功之母 / 99

从小处做起 / 100
千里之行，始于足下 / 102
人不能浮躁，要一步一个脚印前行 / 104
珍惜每一个锻炼自己的机会 / 106
机会稍纵即逝，要善于把握 / 109
主动出击，机会就在眼前 / 113
东山再起，失败中逆袭，你就是王者 / 116
追求卓越，成功就会在不经意间追上你 / 120

第五章
你受的苦，终将铺好你未来的路 / 123

吃得苦中苦，方为人上人 / 124
立大志，不让无知小人挡前程 / 126
不争一时之气，要争千秋万世 / 128
感谢折磨你的人吧！这会让你更强大 / 132
一分耕耘，一分收获 / 136
无论何时，你都要对自己抱有强烈的希望 / 139

目录 Content

拥有梦想，坚信未来一定更美好 / 142

欣赏最美的人生风景 / 144

凭借血肉之躯，硬拼出属于自己的生机 / 147

努力拼搏，再苦再累，无所畏惧 / 150

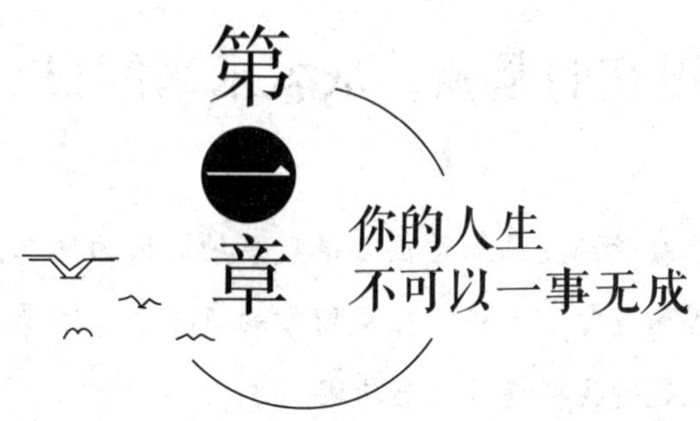

第一章 你的人生不可以一事无成

每个人都有自己的人生。每个人的人生多多少少都有所成。年少的我们充满激情，敢想、敢拼、敢冒险，就好像披着战袍的超人，坚信自己无所不能，世界由我掌握，天地任我遨游，没有什么能阻挡自己奋发的内心和躁动的双脚。我们理直气壮，不懂遮掩，不会藏拙，把自己的野心大大咧咧地摊在世人面前，等待时间的检验。谁要醉生梦死，他就碌碌无为；谁没有理想鞭策，永远是一个庸人；谁要随波逐流，他就失去自我；谁不能提高自己，永远是一个庸才。有理想，有目标，这样才不会跟着别人走，不会永远一事无成。

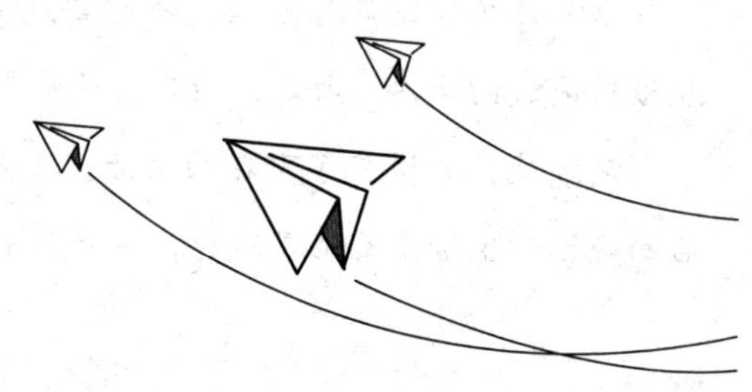

现在的坚强，成就未来的自己

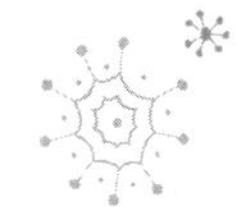

琳子是我的朋友，同学们都很羡慕她，因为她在高中毕业以后就去韩国留学了。可是，出国留学的日子也是不易，在韩国留学的四年让她的性格变得稳重踏实。

她怀着兴奋、激动的心情踏上了韩国的国土，然而当面对眼前陌生的一切时，心中便被茫然和无措充斥着。在这涌动的人潮之中，她如一粒微不足道的尘埃，语言不通是眼前最大的障碍，她感觉自己和人群分别来自两个不同的世界。她紧紧地握着自己的行李箱，小心翼翼地环视四周，用仅存的一点力气盘算着，现在至关重要的是先找一所语言学校。

每天，她都被不安和孤独啃噬着，折磨她的还有学习的压力和生活的负担。卡里的钱已经捉襟见肘，当课堂上自己结巴的回答引来哄堂大笑，又因为水土不服而卧病在床时，她感觉自己真的撑不下去了。那些日子，她待在自己的小屋里，机械地练习韩语，甚至连吃饭都是在自己的小屋吃泡面，不和外界接触。她的头发开始大把大把地往下掉，彻夜难眠，一个人对着墙壁自言自语，就像一只孤独的小动物，任何的风吹草动都使她忐忑不安。

这种压抑寂寞的生活简直使她窒息，可是她深知自己不能就此狼狈地逃回国内。所以，她只能故作坚强，因为她别无选择。

渐渐地，她适应了现在的生活，于是开始冷静地思考自己以后的规划。生活是无比现实的。每天上午，她要上两个小时的课，

午饭后还有三个小时的课要上，然后需要花费 1 ~ 2 小时赶往第一个打工的地点，直到凌晨的时候，再坐夜车回到住的地方，草草洗漱，休息三个小时后，继续赶往第二个打工的地点。为了避免因为睡眠不足而造成的精神不佳，只能靠廉价的咖啡来提神。为了生活，她做过很多种工作，比如看仓库、刷盘子、做柜员，随着自己语言能力的提高，她可以做很多工作了。在第二年下半段，她已经可以凭借自己的能力很好地生活和学习了。

第一次听到她的经历的时候，心中很是震惊，这还是那个自己熟知的自尊心极强的人吗？还是那个睡觉比天大的人吗？

她看到我的表情，不禁反过来安慰我："我这不是熬过来了吗，其实就是听起来感觉比较困难，但真正去做的时候，也不感觉很难了。万事开头难，只要熬过了第一年，后来就轻松多了。我的学业并没有被生活所拖累，我还参加了很多社团活动和留学生活动，这也是值得高兴的事情。"

琳子坚韧的性格令我佩服。虽然她喜好安逸，但她凭借自己极强的适应能力，将自己的选择坚持到底。

琳子毕业回国，因为所学专业的关系，她辗转各地，最后在北方的一座城市找到了适合自己的工作，于是安定下来。她在韩国的经历成了此时工作的宝贵经验，她很快便从基层做到了总监的位置。所以，只要我们足够坚强，哪怕开始是千难万险，当我们目标实现的时候，那就是满目繁花。

每个人都会遇到困境，有时候孤独、痛苦和磨难不得不相伴左右，沮丧、焦虑和绝望时刻萦绕心头，为了现实的生活疲于奔命。

因此我们不得不面临命运的抉择，是屈服于生活，还是迎难而上呢？

我想，是琳子天生的幽默感和乐观精神帮助了她自己，如若不然，或许她早被残酷的现实击垮。她靠着自己坚强的性格，用自己的巧手将琐碎的生活编织出现如今这一幅绝美的图画。她深知放弃其实很易，但她却唯恐避之不及，她也深深懂得生活中处处充满欺骗，越是看上去轻松，代价越大，越是看起来艰难，馈赠就会越多。

现在的她很感激那段艰难的时光，冰冷的地下室，洗得发白的衣服，卑微的工作，斤斤计较的购物，享受和奢侈品绝缘的生活方式……这些为成就将来的她打下了良好的基础。

或许琳子早就懂得困难本身没有什么过错，关键在于人们如何去选择。选择正确，就成就了你，一旦踏错，或许就是毁灭。或者说，一个人的遭遇是否能成为自己的财富，取决于一个人是否有心。如果一味抱怨，那些磨难便只会成为负担。如果你静心地汲取每段经历上的营养，它就会成为成长的契机，这就看自己的悟性了。

任何事情无论成功与否，只要我们积极参与，总会有所收获。这一点一滴收获的积累就可能连接起我们想要的未来。

困难的磨炼使她获得了在正常情况下不可能获得的经历。她获得了很多受益终生的技能，如制作甜点和绘图；她还积累了化妆品代购和电子产品代购的经验；她的能力得到了提高，而且磨炼了自己的意志。潜藏的能力被挖掘出来，为她带来了实际的生存资本。

换一个角度思考，由于我们对生活的渴求，所以会遇到一些

让人焦头烂额的问题，让自己陷入困境。这也是必然的，奔跑就可能跌倒，攀登高峰就必然会觉得艰辛。在通往幸福的道路上布满了荆棘和障碍，我们必须抱有必胜的信心，才能克服一切困难。

有些事，只有错了痛了，才能有所领悟。困难重重的时候，抬头望望天空，低头看看大地，要坚信没有过不去的坎。只要有坚强的毅力，任何困难也阻挡不了我们前进的步伐。

因此，对于生活中的磨难，我们不必抗拒，因为只有经历了，才能找到自己内心所向，增强自己的信心，更重要的是，我们会从中汲取很多营养，提升自己的技能。

谁都不想一事无成，这些磨难的经历就是我们成长的资本和财富。一个人的背景、经验、资源、知识对于成功很重要，但最重要的是一个人将困难转化成机会的能力。

每一个成功的人，或许都会有这样的经历。我们不能停止自己前进的步伐，脚踏实地把眼前的事情做好。无论怎样，一个有责任心的人，好运气会时常伴随左右。你不必纠结生活的苛责，只要问心无愧地走下去，生活就会日渐变得充满阳光。

或许我们要找的答案不在终点。而整个找寻的过程会因为我们是什么样的人而得到体现,会因为我们具备怎样的品质而得到展现。

诗人冰心曾说：

“成功的花，
人们只惊羡她现时的明艳！
然而当初她的芽儿，
浸透了奋斗的泪泉，

洒遍了牺牲的血雨。”

无论何时何地，不必卑微，更不必失望，因为只要我们对自己的未来足够负责，真诚地对待生活，这些生活的波折和挫败就会成为别人欣赏和羡慕的理由。因此不必惧怕付出，付出和得到是成正比的。

热爱是安稳的基石

“阿冰，我终于能够自由飞翔了！”小芝那欢呼雀跃的声音从电话那头传来，我的心中甚是疑惑不解。

“辞职了？”我知道她不满意现在的工作。她在事业单位上班，虽然在大多数人的眼里，这安稳体面的工作是耗费了她很大的经历才考上的，其实这也仅是给煞费苦心的父母一个交代而已。

“不是辞职，而是辞退！其实，我得谢谢陷害我的那个人。”那兴奋的语气足以体现她是发自内心的高兴，“我们去庆祝庆祝吧！”

她终于可以做自己喜欢的事情了：成立自己的摄影工作室。

在这个墨守成规的小镇，人们最羡慕的就是一份稳定的工作和收入。然后结婚生子，日子平平淡淡，偶尔的生活惊喜，家长里短、八卦娱乐，琐碎而平静。

这也是小芝放弃民企而拼命进入事业单位的原因。她为了父

母的良苦用心，放弃了与世俗对抗。

或许这样的小芝不会快乐，但我知道她很优秀，她没有停止自己的步伐。她知道不应该因为一个头衔而将自己的人生框定在有限的空间内，不该因为世俗的想法而放弃自己期待已久的未来。大学期间的她，是何等的努力与奋斗，连续三年获得国家奖学金，摄影作品经常见诸报端，还曾获得过一些颇具影响力的奖项，即使是上山下海，也要拿到一手素材，并且为了积累经验，利用寒暑假兼职实习。我知道她绝不会安于现在的安逸生活。

当初她放弃大城市的生活回到家乡进入体制内工作的时候，她曾经说过："不管当初如何轰轰烈烈，最后还不是要回归家庭，平淡地生活呢！在哪里也是混口饭吃。"或许这样的言语是在自我安慰。

当别人还在为找不到工作而发愁，为没有达成绩效而被淘汰，为一个项目奔波忙碌，或者为一个展览殚精竭虑时，小芝正在自己的办公室里喝茶看报纸，悠闲地浏览网页。看上去小芝的生活悠闲安稳，但她的心却愈加纠结，就如那河水中的浮萍，无可奈何地随波逐流。她内心开始陷入无法排解的后悔之中。

摆在我们面前的困难并不可怕，可怕的是我们就此认命，这相当于一个人割裂了通向未来道路的种种可能。毕竟如果就此止步，命运就会定格于此，就会定格在我们曾拼尽全力想要逃离的此刻，这或许就是一种极大的讽刺吧！

"我自以为现在的生活非常安逸，可是，不知道为什么，内心却如此痛苦！"小芝把自以为安逸的生活维持了仅仅一年时间，最终还是亲手将它打破。

在这期间，她变得非常敏感和焦虑。开始变得烦躁不堪，与别人交流时，她会敏感地流泪，她也知道自己出了问题，不是身体，而是心里，她的病在心上。

医院的诊断结果证实了她自己的想法。

她后来总结说："没有热爱，何谈安稳？心无居所，亦是漂泊。"

当我们踏步向前，即使目标遥不可及，却因为笃定而甘之如饴；当生活变得平淡无味，即使安逸，也会变得茫然而苦不堪言。

对于小芝来说，安逸的生活变得压抑，因为缺乏方向而找不到共鸣，更得不到认可。当所有人得过且过时，你无论如何抉择都会痛苦，或许这痛苦会一点儿一点儿把人毁掉。

其实，过什么样的生活都没有什么不好，而不好的是这种生活是不是出自你的本心。如果不是出自本心，就会选择逃避，逃来逃去，始终逃不出痛苦的心境，因为你不甘心，但自己却失去了选择的权利，最终会变得麻木不仁，把生活过得一团乱。

比背负压力地赶路更累的是什么？是没有期待地躺着。

生活中处处充满着欺骗。它不可能完全公平，也不可能泾渭分明，我们总是在后来才明白自己的选择意味着什么，而经历却无法改写，所以世界上是没有后悔药的。但我们要清楚，所有事情的结果都是缘于一个因。

在这次心病治好之后，小芝开始整理自己的思绪，她犹豫再三，始终下不了这个决心，这就是有的人懦弱，有的人坚强的缘故吧！

还好是这样的"事故"解救了她，让她终于下定了放弃的决心，使她的心不再焦虑，不再冲突，真正过自己想要的生活。

小芝的骄傲和不凡不允许她过安逸的生活，不允许她无所事事，而她的自尊无法忍受自己对现状屈服。这样就避免了她自我囚禁，从而活得踏实自在。

当下最重要的就是一定要问问自己的本心，知道自己想要的是什么，为了目标全力以赴，不要敷衍了事，懒惰放弃，这个选择权尽在自己手中。哪怕我们走了弯路，庆幸的是，我们还有时间来改正，生活会用亲身体验来教会我们对待它的正确方式。

请谨记，真正的安稳是什么？是心落地，而非脚止步。凡是抗拒的，哪怕看上去多么富丽堂皇，也不过是一座瑰丽的牢笼；凡热爱的，哪怕看起来多么简陋危险，也是最舒适温暖的城堡。

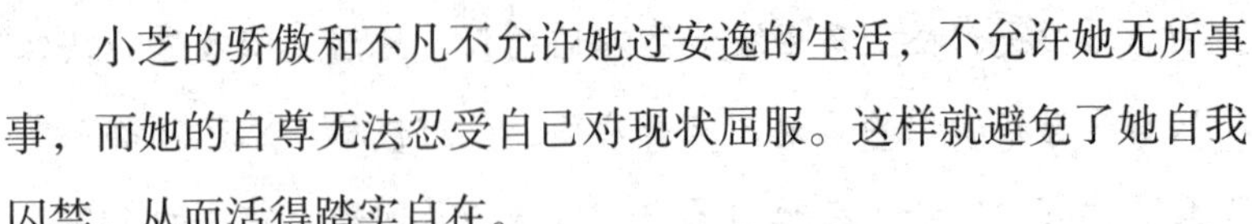

理想，是人不断向上的车轮

我过去信奉的是“差不多”，凡事感觉差不多就行，“够用就好”，没有什么野心，生活凑合凑合就能过去：平常的饭菜，网上淘来的衣包，装饰简单的房间，素颜的自己。当然，自己也非常羡慕那些令人垂涎的大餐，美丽的华服，富丽堂皇的房子以及说走就走的旅行，但也只是羡慕而已，日后照常过自己的凑合生活。

我非常清楚自己的处境，自己没有能力拿到羡慕的生活。记得初次到商场，琳琅满目的商品，令人咋舌的价格，心底的卑微瞬间充满胸膛，紧张得连四处打量的勇气也消失殆尽，更别提什么购物的愉悦了。我深知穷人的无奈和挣扎，囊中羞涩不得不精

打细算。但是，公主是跟我截然不同的人。她总是以最好的妆容和状态展现在我们的面前，衣着华丽，气质优雅，总是带给人一股天下独有的气势。在她的眼中，价钱不是问题，重要的是自己喜欢。我很喜欢她家的气氛，空间不大，但温馨异常。所有能够让生活更便利的小物件、高科技产品都能在这里找到。看上去，没有人会想到她也曾经有一名不文、狼狈不堪的二十岁。

“我不想敷衍生活，如果要，就要最好的东西。”她曾试图改变我的想法，“况且，人只要有了过好生活的欲望，才会催生强大的力量，使我们突破限制，挑战自我极限，比别人更坚强，比以往更努力，获取为理想的生活买单的能力。”

公主为了过更好的生活，竟然把自己逼到了尘埃里，把自己陷于绝境当中。

大学期间，她想靠兼职和奖学金来买台电脑，但是她很快发现，自己的这个想法并不高明，因为她想要的不只是一台电脑，而是它所象征的生活方式。于是她不得不另辟蹊径。

她开始疯狂地联系那些师兄师姐，因为通过他们，她可以获得一些难得的工作内推机会；她联系校内留学生，为他们辅导汉语；还联系导师，争取做科研的机会来补贴生活。为了增进与他们之间的关系，她经常请客吃饭，就在她入不敷出、捉襟见肘的时刻，一个能够用英、德、法和粤语四种语言流利交流的牛人诞生了，她也成功地应聘到一家知名企业做实习生工作。

这样每个月的收入就可以达到正常的生活水平，但她没有止步。她开始向认识的人发出讯息：自己可以担任翻译和外国客人的导游工作，但费用是比较高的。

然而，费用高就预示着要付出更多。面对鱼龙混杂的客人，公主承受着对方的不满意、斥责，甚至是侮辱和胡搅蛮缠，即使这样恶劣的工作环境，她仍然像一头饥饿的狮子，不肯放过任何猎物。

“别那么委屈自己，不就是那小几千块钱吗？”

“常话说得好，一文钱难倒英雄汉，更别说几千块了，就是几百几十，我既然答应了，就得做好。为了更好的生活，我只能逼自己一把，其他的无所谓。”

任何人都一样，都经历过难以启齿的困苦生活，都经历过走投无路的绝望，都经历过跌宕起伏的生活，在茫然中摸索前进……历经千山万水，最终来到自己梦寐以求的地方。

我们曾经像一只拼命储备能量过冬的松鼠，虽然弱小，但却从未放弃自己想要的生活。我们跟松鼠不同的是，我们把那些心思藏在了心底而不曾向人透露，那些期望或许因为太遥远，便学会不去观望，因为太过在意而显得格外小心，因为懂得人心复杂，便不肯轻易打开心扉。为了涅槃成凰，我们可以如对待仇敌般对待自己，而且还要假装无所谓。

因为我们坚信：自己不可能会永远落魄，这只是暂时的，而绝非一世！不管现在的我们如何，未来的我们要更好！

一般的人自认为自己缺乏改变命运的能力，所以安于现状不会主动去找寻出头的机会。那些造福的好时机也不会自动送上门来，从而缺少了爱与金钱，甚至缺少了一些运气。人们感觉自己缺乏一技之长，所以会生活贫困，自己孤立无援，才会失败。可是，

我们也知道一些富人也是从穷人起步的，大多数的成功也经历了一次次失败，其实，我们羡慕的那些人当初的处境跟我们也相差无几，可为什么人生却是如此不同呢？

生活再怎么狼狈，我们并不缺少先天条件的准备，也不缺少后天努力的可能，而我们最缺少的是改变思维、勇气和信心，即做事情的野心。有了欲望，就有了向前的动力，做了才有机会成功，一颗安于现状的心，就注定了一事无成。

一些人之所以贫穷，是因为他从来没有为成为富人而努力；一些人之所以一事无成，是因为他缺乏野心。我们不能决定未来，不仅仅是局限于财富的积累。人生的所有成就都始于一个人的野心，而止于行动。它可以让人们得到自己梦寐以求的东西，成为自己想成为的人。

其实，我们的付出是有意义的，这就是我们时刻保持向上态度的源泉，拥有承担一切责任的动力，和战胜种种磨难的法宝。

后来，公主看不惯我生活的样子，就强制带我去参加一些业内宴会。我不得不改变自己，看到做了造型后的自己，也发觉了不一样的自己。在宴会上，我感觉到了另一个世界的存在，食物无比可口，交际可以富有涵养，就连洗手间的马桶都可以不再冰冷而充满温暖。

见识过这些以后，感觉原本凑合的生活有些糟糕。终于有一天，也想拥有那样的生活，而这需要自己全力以赴。我开始变得有进取心，谋求更高的薪水和职位，寻找更多的赚钱机会，积累了更多的资源和渠道。你看，只是一个心思的转变，一些行动的实施，生活就发生了巨大的变化。

由于我们的改变，当初向往的生活已经得到，不再会因为高昂的价格望而却步，不再会因为那豪华的装潢而胆战心惊。那些高高在上遥不可及的东西也会变得触手可及。我们有能力也有勇气去争取自己想要的东西。然后再回过头来问问自己，对现在的生活是否满意呢？如果此刻你正焦头烂额，或者为情所困，或者正忍气吞声、孤独窘迫、前途渺茫，那么你应该给自己一个赞。

如果我们心存信念，那么我们就配得起所有好的东西。而守望和追求自己的成长和成功就是我们这一生的全部意义。

二十岁的我们，本就物质匮乏，为什么还要压抑自己心中的热烈渴望呢？为什么还要限制自己向前的步伐和蓬勃的心呢？为什么还要选择敷衍自己的一生呢？

年轻是美好的，我们不追求温饱，也不贪图慵懒。我们只要一点念想和不断的坚持，就会让全世界刮目相看。直到我们一点一点凭借自己的力量，浇灌出世俗的果实，成全自己没有过气的初衷，让那些理想落地生根。

生于忧患，死于安乐

“人生中你最后悔的事情是什么呢？”

在某个杂志上，有一期对全国六十岁以上的老人进行抽样调查的问题，结果显示，“有 75%的人后悔年轻时不够努力，导致一事无成；有 70%的人后悔在年轻的时候选错了职业；有 62%的人后悔对子女教育不当；有 57%的人后悔没有好好珍惜自己的

伴侣；还有49%的人后悔没有善待自己的身体。”这真是少壮不努力，老大徒伤悲啊！

的确，所有的平庸就是一个个不够努力的缩影。我们最大的敌人不是容颜衰老和磨难，而是一颗安于现状、得过且过的心啊！我们能成就自己，也能毁灭自己。

我们都渴望理想的生活，却安于现状害怕改变，也不愿付出足够的代价。对现在的生活已经习以为常，也不愿做新的尝试，因为固化，所以容易应对，因为熟悉，所以感觉舒适，因为众望所归，所以不会面临反对，而改变现状总是伴随着种种可以预见的阻碍和不可预见的风险。最终，我们安守眼前活过一辈子，却不曾为后人留下什么。

为什么我们一辈子没有什么成就呢？因为我们固步自封，画地为牢，一直守着脚下的一点底盘，看着头上的一点天空，所以我们被注定了这样的结局——一事无成。

难道改变有想象得那么困难和可怕吗？其实没有。我们只需要付出一点点的勇气和踏实的行动就会有所收获。我希望每个人，包括我自己，都不要因为自己的懒惰而让未来的自己失望和后悔。

宁淑在本地的主持界小有名气，而她的经历却是一波三折。刚跨出大学的校门，她跟所有的年轻人一样，天真烂漫，没有经历过什么风霜。起初在应聘电视台工作的时候，她凭借着自身优秀的条件脱颖而出。

当她还沉浸在成功的喜悦之中的时候，一个通知就如一盆冷水当头浇下：她必须要从自己从没有接触过的出镜记者做起，显

然她非常不情愿，她万般抗拒也无济于事。做出镜记者就意味着外出奔波，与各种人打交道，这与预期的想法可是大相径庭啊！

然而，你不愿意做，别人却巴不得做，所以宁淑别无选择。

刚刚开始工作的日子，因为经验不足，采访场面经常出现冷场，更有甚者采访的对象不合作也令她手足无措。因为追踪新闻脚踩高跟鞋长途跋涉，却无功而返，又因为说话紧张磕绊，常常出现常识性的错误……所以过得非常狼狈，这种人仰马翻的生活令宁淑也非常委屈。

经过这段苦难的日子，宁淑也就适应了现在的生活。她也明白，自己之前会遭到拒绝，是因为自己害怕，是因为自己不会。可是不学就永远不会，不会没什么，可以通过自己的努力去学习，当然，会了也就不难了，所以迈出第一步很重要，这样才能壮大自己。

然而，新的挑战接二连三。又因为人手不足，自己被派跟市场部一起谈赞助。

这就少不了交际应酬，这令宁淑非常反感，她埋怨上天在故意惩罚她，专门让她做一些自己不喜欢的事情。

最后被逼无奈，宁淑也反守为攻，提出了一个条件给领导选择，就是完成任务以后，自己要做节目主持人。

之后，宁淑几乎把电视台的岗位都做了一遍，才被答应做了电视台的主持人。“宁淑，你有没有想过，领导为什么会安排那些额外的事情让你来做？”一个前辈的话让她陷入沉思。其实，宁淑是一个安于现状的人，她只想过安逸的日子，没有什么野心。她只是本能地抗拒着自己未接触过的东西，但事与愿违，恰恰就

是这些东西带给自己前所未有的成长。面试中的竞争只是局限于几十个人的竞争。在进入电视台，这才进入了真正的战场，在这里竞争者众多。要想立足，就只能一刻不停地进步，才能使自己不掉队。行业竞争是无比残酷的，你要获得机会，首先证明自己的价值；你要让人为你投资，首先给出成绩；你要别人为你付出，你得拿出诚意。当宁淑给台里拉来了赞助，赢得了利润，证明了能力，台里才会愿意用心支持、培养她做主持人。宁淑终于想通了这一点，她开始理解别人的出发点，也变得更有包容心。

而且，她发现，过往的经历正在转化为自己的财富。就好比记者工作让她对新闻更具敏感性，市场工作让她更容易与人沟通，场务工作让她懂得如何展示最好的一面……过往的经历提升了她的气场和专业能力，让她能够更好地主持和表达。

或许我们认为奋斗就是在认定的路上全力以赴，但最重要的是懂得把握一切能让自己变得更好的机会，愿意付出。为了得到，就得有所舍弃，有所付出。

安于现状，只做自己喜欢的事情，到头来只能一无所获。生活如行船，不进则退。开始的安逸或者就是后来的痛苦；前期的艰难或许就是后期的轻松。惧怕改变，只能苟安于凄凉。

一次的同学偶遇，才知他的变故。他本也是主持界的翘楚，但不知为何在这个行业已经销声匿迹，沦为走穴婚礼主持，仅靠着以前的一点名气和能力维持生活。以前的自己因为习惯选择最容易的那条路，从而缺乏与磨难正面交锋的机会，到头来，生活退而不前，距离自己期望的目标渐行渐远。我不愿意承担风险，

所以一直原地踏步，长期处于安贫乐道的状态。原来自己也是一个有计划的人，但总是缺乏一点破釜沉舟的勇气，而与自己期望的生活越来越远，有时真的会产生一种自己也瞧不起自己的感觉。人一直处在一成不变的环境中也是无益的，因为你会错过改变自己的更好的机会，只有敢于打破现状，才能实现更大的梦想。

看到同学的日志，宁淑表示对当初逼自己一把的领导心存感激，她非常庆幸自己没有安于现状。也许当时还心存怨恨，感觉现实的残酷，但现在回忆起来，当时的付出是非常值得的。

温斯顿·丘吉尔说过：“如果你想进步，就必须改变。如果你想持续进步，就必须经常改变。”

我们应该愿意尝试新东西，敢于接受不舒服的东西，不要轻言放弃。千万不要放任当下的安逸来消磨自己的斗志，让自己的认知变得模糊，让心变得懒惰。我们要认清自己当下的处境，要不时扪心自问：“是在原地，还是大步向前？是放任时间的流逝停滞不前，还是正在为想要的未来积极行动？”拉开与“此时此地”的距离，我们也许会变得非常明智。

我们不要老羡慕别人，要展开行动。

我们那些“我不会”“我不行”“我不想”的想法一定要摒弃，否则一犹豫，就可能遗憾终生。或者说你发现自己的心愿落空，那或许是你一直在等待，没有真正付诸行动。

安守现状，就会一事无成。只有勇于向前，才能距离自己的理想愈来愈近。

亲爱的，我们不要对生活采取拒绝态度，因为我们心仪的生活就隐藏其中。对于拒绝发生在我们身上的一切，那就勇于尝试，

因为我们完全可以凭借自己的一点点努力，勇攀高峰。

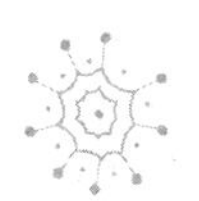

成功是 99% 的汗水加 1% 的灵感

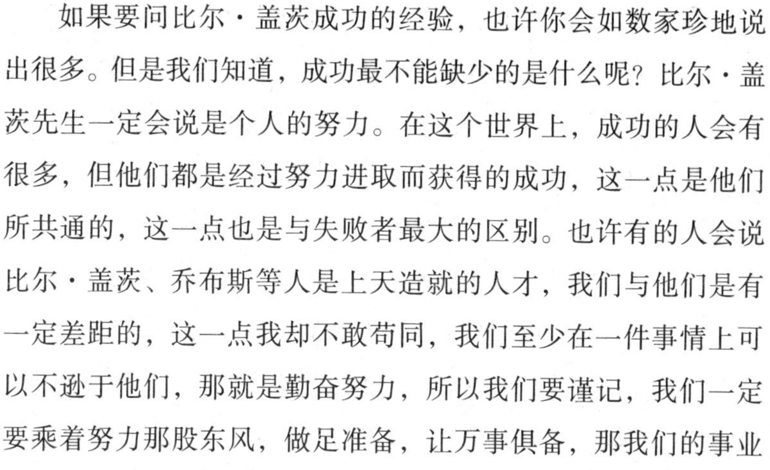

如果要问比尔·盖茨成功的经验，也许你会如数家珍地说出很多。但是我们知道，成功最不能缺少的是什么呢？比尔·盖茨先生一定会说是个人的努力。在这个世界上，成功的人会有很多，但他们都是经过努力进取而获得的成功，这一点是他们所共通的，这一点也是与失败者最大的区别。也许有的人会说比尔·盖茨、乔布斯等人是上天造就的人才，我们与他们是有一定差距的，这一点我却不敢苟同，我们至少在一件事情上可以不逊于他们，那就是勤奋努力，所以我们要谨记，我们一定要乘着努力那股东风，做足准备，让万事俱备，那我们的事业就一定能够成功。

还记得王安石的《伤仲永》中所记叙的一件事吗？有一户方姓农民，家有一个五岁名叫仲永的孩子。一天，仲永突然要纸笔，由于他们家世代为农，父亲非常惊奇，于是向邻居借来了纸笔。小仲永立即提笔作诗一首，仲永的父亲拿着这首诗给乡里的秀才观看。秀才一看，说仲永所写的这首诗文理通顺，才情饱满，非常难得，于是又指定了几个题目，而仲永都能立即完成。

一时间，仲永成了他们周边有名的神童。很多人都不惜重金慕名而来，只为求得仲永为他们赋诗一首。于是仲永的父亲

感觉自己的儿子能够为自己带来利益，便整天带着仲永四处为人作诗，仲永也失去了再学习的机会。时间一长，已经十二三岁的仲永，作诗的水平便停滞不前，还是停留在四五岁时的样子。七年之后，仲永还是没有什么长进，已经变得非常平庸，跟普通人无异了。

这个故事很伤感。我们知道，天资聪颖的人自古都有，但真正成功的人寥寥无几。有时候，很多具有天赋的人，或许为自己的天资在沾沾自喜，却忘记了自己后天仍需要勤奋努力、大步向前，以致把自己成功的机会白白浪费了。因此，即便是天才，如果在后天不努力的话，也将一事无成。

中华民族有很多故事都被传为佳话，比如凿壁借光、映雪囊萤、悬梁刺股等。可以说，我们每一个炎黄子孙的身上都流着勤奋刻苦、锐意进取的热血。直至今天，在这个伟大的时代，一个公平、透明的时代，我们生活中的每一个普通人都可以通过自己的努力来获得成功，我们的每一份劳动都会有所收获。

我国著名数学家陈景润在攻克“哥德巴赫猜想”的时候，坚持每天凌晨三点就起床开始研究。只要图书馆一开门，他就一头扎进图书馆，两耳不闻窗外事。一天中午，图书馆要关门了，管理员大声询问是否还有人在，沉浸在学习当中的陈景润竟丝毫没有听到，等他发觉的时候，管理员已经把图书馆的门锁上了。陈景润只是笑笑，就又钻到书中去了。这种情况竟然持续了三天。

陈景润已经达到了废寝忘食的地步。如果每个人都如此努力，还有什么事情做不成呢？陈景润之所以能够成为数学界的骄子，与他无数个日夜的废寝忘食工作是分不开的。他用一支笔，以及六麻袋的草稿，验证了世界数学谜题“哥德巴赫猜想”的“1+2”，离证明“1+1”只差一步之遥。

陈景润是中华民族的骄傲。他成就了国家，也成就了自己。常言说，能够攀登上金字塔的生物有两种，一种是鹰，一种是蜗牛。鹰具有搏击长空的天赋，所以展翅登上金字塔是轻而易举的，而蜗牛靠的是一步步稳扎稳打、勤奋努力，才登上成功的顶峰。无论我们是鹰，还是蜗牛，只要我们敢于攀登，就一定事有所成。那么，我们如何去做呢？

首先，我们要谨记，不要为我们的努力加上附加条件，努力是我们成功的必经之路。我们努力不是为了和别人做交换，我们努力是无条件的，我们的努力，一切都是为了明天。

其次，当今社会中花花绿绿的休闲游戏渐迷人眼，我们不妨算一算，我们的一生除去休息的时间，用来学习的时间还有多长呢？如果再分一些时间去玩游戏，那我们学习的时间就所剩无几了。说白了，整天只想玩而不努力上进，何谈成功呢？

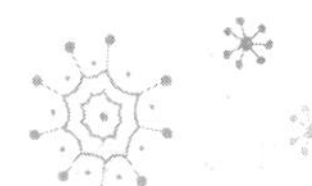

一份耕耘，一份收获

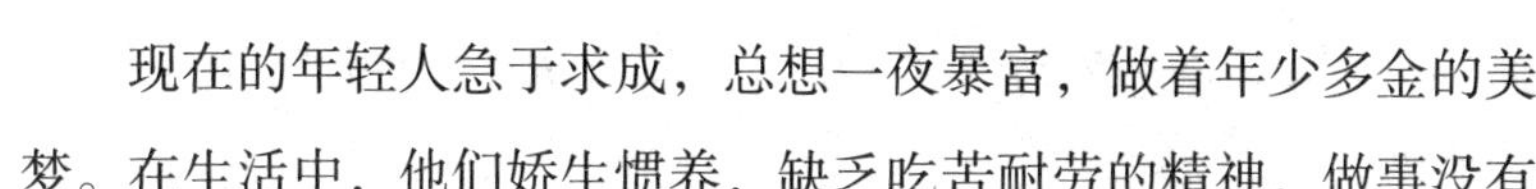

现在的年轻人急于求成，总想一夜暴富，做着年少多金的美梦。在生活中，他们娇生惯养，缺乏吃苦耐劳的精神，做事没有

长久性，通常只会纸上谈兵，而没有实践经验，这就导致他们距离自己的理想越来越远，只能沉浸在自己理想的梦里。

因此，只要我们有一颗进取的心，就会不断提高自己。而这个提高自我的过程，就要靠我们不懈的努力。年轻人精力旺盛，劲头十足，只要我们盯准目标，加倍努力，就一定会有所收获。

在这里，我们要说一个叫阿洛的大学生，她的个子不高，脸蛋也不算漂亮。她一毕业就来到北京，想在这里谋一条出路。于是应聘来到电视台做实习工作。但她缺乏经验和写作技巧，领导对她的表现并不满意。

时间久了，阿洛在领导面前的印象变得很差，导致她成了一个在工作上可有可无的人。有时在会上，领导还会对她冷嘲热讽。对其他同事的稿件，领导总是大加赞赏，而对阿洛总是那么不友善，总是找阿洛的碴儿。其实，对于阿洛所犯的错误，同事们有时候也会犯，但领导的态度却总是不同。

如果换作别人，可能早就会和领导讲说一番了，但阿洛并没有去解释，也没有抱怨，只是默默地努力工作着。

对于各个部门上传的资料，在公司的电脑中是可以共享的，公司里的人都会根据自己的选题，来选择自己需要的资料，阿洛每次都会将所有的资料拷贝下来，带回家仔细研究。

同事们见她如此认真，就忍不住劝道：你只是一个实习生，何必那么认真呢？阿洛只是笑笑，没有作答，仍然一如既往地认真查阅每一份资料，并把有用的东西记在记事本上。

到了周末，同事们都在享受着美好的闲暇时光，而阿洛并没

有闲着，她知道自己的不足，所以她要更加地努力来不断提高自己，完善自己。阿洛会去图书馆看书，查看一些与自己工作相关的书籍，整理自己手中的资料。假以时日，阿洛的能力日渐增长，但她一向低调，不想引起人们的注意。直到有一天，节目组要临时加播一期节目，此时的阿洛却一鸣惊人。

因为这期的节目是临时加的，所以时间特别紧。从撰稿到播放仅仅只有四天时间，而录制剪辑就要占去一大半儿，所以领导找撰稿编辑询问的时候，所有的人都在拼命摇头，生怕揽上这个苦差事，领导也感觉这是在强人所难。在领导近乎绝望的时候，阿洛勇敢地揽下了这个任务。

阿洛的举动让所有的人都感到惊讶，有好心的人提醒她，这个任务时间太紧了，四天肯定完不成。领导更是诧异，不相信地问她："你确定自己能做到吗？"阿洛回答说："没问题，我一定能够做到。"

这样的回答让大家都颇为惊奇，一些人甚至还在嘲笑她，在等着看她的笑话。

令大家非常意外的是，那期节目阿洛做得非常成功，节目的收视率节节攀升。

所有人都不敢相信地看着阿洛。当然，领导也破天荒地赞扬了她："真没想到，你是不鸣则已，一鸣惊人！"而阿洛只是礼貌地笑了笑，便继续投入到自己的工作中了。

为什么别人做不到，而阿洛做到了呢？这是因为阿洛把别人休息的时间用来努力学习了，她不光把自己的节目，而且把别的节目也分析得相当透彻，这样，她就可以胜任节目组中任何工作。

面对领导的苛责，同事的冷嘲热讽，她没有气馁，反而以一种淡定的胸怀默默地承受着一切，加倍努力来证明自己的实力。

阿洛的一鸣惊人引起了领导的关注。此后，阿洛又出色地完成了几项比较困难的任务。这样，她很快在公司脱颖而出，成了小有名气的人物。后来，阿洛被优秀的节目组挖走，职位也陡然上升，工资也水涨船高。

阿洛是属于最普通的那类人，但她却依靠自己的努力脱颖而出。很多人都羡慕别人的光鲜亮丽，但我们却不知道他们背后所付出的辛劳。

作为普通人，没有身份、地位、背景，甚至没什么才能、远见，脑子也不是那么灵活，可这些人有的是耐心和恒心，他们可以为了自己的目标坚持不懈，所以他们会成功。

往往努力的人是非常幸运的，机会会伴随他们左右。而生活也从来不会亏待真正努力的人，只要我们全力以赴，就一定会有所收获。

波澜壮阔的人生最有意义

挫折和磨难会伴随我们的人生，对于某些人来说，磨难是一堵高墙，他们总是唯恐避之不及；而对于某些人来说，这些磨难就是踏脚石，他们会努力攀爬，直至跨过去为止，这样他们就能更快、更好地完成自己的意愿。

而磨难的意义就在于此，总是退缩的人，永远不会更优秀。只有经历了千般洗礼、万般践踏的人，在重新站起来的时候，才会更加光彩夺目；只有奋勇向前的人，才能登上世界的最高峰来俯瞰世界。

一个中年人靠辛苦打拼，用自己辛勤的汗水所挣得的积蓄开了一家公司，但由于时运不济，他的公司倒闭了，这可是他一生的心血，他悲痛万分，却无计可施，整日只能靠酒精来麻痹自己。

“伤不起，自己活着还有什么意思呢？”。

老板听完他的话，迟疑了一下，就去厨房拿出了一个茶壶，又拿了一个杯子，给中年人倒了一杯茶，说：“别光喝酒，尝尝我的茶吧，这可是上好的铁观音啊！”

中年人接过茶杯，感觉茶水是温的，然后对老板说：“你怎么用温水沏茶呢？”老板只是笑笑，没有说话，只是执意让他品尝一下，中年人喝了一口说：“这温水泡的茶，根本没有茶的味道。”

老板依然笑笑，没有说话，又转身去厨房拿了一个茶壶，给中年人倒了一杯茶，看到茶杯中的热气，中年人知道，这次用的是开水，随后已经茶香四溢了。

中年人说道：“是啊！只有滚烫的开水，才能沏出香茶。”

老板笑笑，对中年人说：“你知道同是铁观音，为何茶味迥异呢？”

中年人不假思索地说道：“当然是因为温水和沸水的缘故，这个道理很简单呀！”

老板点点头，说得没错，温水沏茶，茶叶漂在水上，又怎能释放清香呢？而沸水沏茶，壶中的茶叶不停翻滚，自然能够散发出自身的清香，这个简单的道理我们都懂。茶叶如此，人生又何尝不是这样的呢，没有吃过苦上过当的人就如温水中的茶叶，一生流于表面，谈何人生意义？而经历过磨难的人，犹如被沸水充气、不停翻滚的茶叶，他的人生必定精彩万分，你说是吗？

中年人听完，心里有所触动，缠绕在心头的思绪也慢慢地疏散开了。

是啊，生活当中的我们就像是被冲泡的茶叶，面对生活的磨难，我们是流于表面，还是应该拼尽全力去释放自己呢？有的人可能是铁观音、碧螺春等名茶，但不经历沸水的洗礼，他们也难以展现自己的光彩；有的人本身并不是优秀的茶叶，但冲劲十足，不气不馁，那么他们一定会散发出扑鼻的香味。

只有经历过万般疾苦，才能培养出坚实的力量；只有受尽世间的折磨，才能建造自己的天堂，所以我们不要相信天上掉馅饼的传说，我们要让自己成长起来，锻炼自己，就像杯中浸泡的茶叶，不经历沸水的冲泡，怎能散发扑鼻的清香？

真正有价值的生活是令人尊敬的

我们追求一致，拒绝分歧，并不一定是因为懒惰；我们希望圆满，厌恶挫折，并不一定是因为能力不足，而是源于害怕，源于对安全感的天生渴望。可是如果一个人不敢面对并拥抱真实的自己，那就无法挖掘自己潜藏的天赋，无法实现自己的价值，哪怕看起来他天天忙忙碌碌，终归也是一无所成。

我们之所以会拒绝，其实是害怕接纳，我们感觉它不好，不能给予我们帮助，归根结底是我们缺乏自信。

我们应该知道，人们只有在绝望的时候，才会将焦点放在自己的缺陷上。当一个人本身有所成就的时候，人们会自动忽略那些我们耿耿于怀的所谓“污点”，或者人们只会看到你的优秀，而看不到你的缺点。

进一步来讲，当我们超越生活本身的时候，或者我们的缺点就会成为特点，让我们在公众面前脱颖而出，所以不要过分地克制自己，其实这表明了我们的一种态度，我们拒绝变得普通平凡的态度。

一代功夫之王李小龙是多少人心中的偶像，但是却很少有人知道他患有先天的缺陷：近视眼，两只脚还不一样长。这些缺陷其实是习武的大忌。诚然，这些缺陷是难以改变的，而这些缺陷也足以击垮任何一颗追求卓越的心。

但是李小龙却不以为然，因为自己是近视眼，他就学咏春拳，

练习贴身格斗；两只脚不同，那左脚就用来远踢、高踢，右脚就专事短促隐蔽性的踢法，这反而让他取长补短，姿态更美，这样的技能使他自成一体，从而成就了自己。

所以看来，凡事都有两面性。与其悲观消沉，不如换一个思维去看问题，变不利为有利，化被动为主动，以积极的心态找方法，以乐观的心态做创新，同样能够成功。

美国哲学家哈伯德有一句名言：“每个圣人的光环背后都有古怪之处。”人无完人，每个人都有瑕疵，而不同之处就在于有的人本身就很优秀，已经取得的成就也就掩盖了其自身的缺点，人们觉得他与众不同，他自己也因为自信而不再介怀。而有的人本身就是一团糟，面对生活稍有异议，就强加抱怨，这样不思进取，不知感恩，所以在人们心中的形象也就大打折扣。

更有甚者，很多人惧怕自身的缺陷，便千方百计想让自己看起来很正常。他这样的改变只是为了讨人喜欢，使自己看起来跟别人一样，那我们在任何时候，任何事情上，就显得非常假，或许这会让我们瞻前顾后，丧失自己的立场和方向，从而丢失了自我。

想一想，多少次我们为了迎合别人，隐藏了自己内心真实的想法；多少次我们为了和大家看起来一样，强迫自己不要做出与众不同的行为举止；多少次我们因为脸上的一颗痣，身上的一点小缺陷，甚至一个名字，而陷入强烈的自卑。其实我们完全可以包容不同，即使别人不包容，那也不是我们自己的错。

我们应该允许独立存在，与其把焦点放在别人的缺陷之上，还不如把精力用在如何使自己成为一个更强大的人。我们深深知

道，只有手握王权的人，才有足够的权威指点江山，同样，要想自己的生活过得更好，那就要使自己达到足够的高度。

有时候生活并不是很公平，我们努力了，但是也并不一定能够成功。说实话，一个人辛不辛苦，人们其实并不在乎。人们在乎的是做出了什么样的成绩，因为成功者的辛苦是勤劳勇敢，而失败者的辛苦则被视为愚蠢懦弱。如果结局悲惨，人们还会说他自作自受，原因就是他没什么成果，人们就会抓着他的错误不放了。

在生活中，我们与其抱怨，还不如勇敢地接受挑战。请记住，大多数人的成就根本就不足以对生活评头论足，他们只是把自己禁锢在熟悉的一方小天地里，整天忙忙碌碌，却无任何成效，反过来又因为自己不想承担风险和责任而抱怨生活。

以我们的经验来说，人们愿意聆听的辛酸史是有所成就的人的，诉苦是成功人士的特权。如果一个一无所成的人去抱怨，就会被人们视为托词，而一个成功人士的抱怨呢，就会被人们当作是幽默。而我们要做的就是珍惜自己的独特性，因为一旦你迈出第一步，你的机会就会伴随左右。

通常你笑的时候，会有人跟你一起笑，但是你哭的时候，便只有你独自哭泣了。也只有当我们有了资本，有了底气，我们才能毫不愧疚，随心所欲地追求自己的爱好。毕竟当我们有所成就的时候，我们的缺点也会变得非常可爱了。

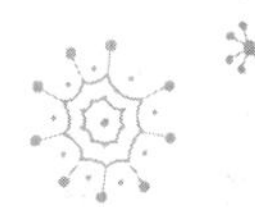

鸟儿翱翔天空展开的是自己的翅膀，而非其他

我坚信，除了我们以外，任何一个人都不能阻止我们取得任何我们想要的成绩。

百合是一个聪慧美丽的姑娘，很多人都认为她一定会大有所为。然而，她在大学毕业后的两年里并没有什么成绩，而其他的同学在公司里都有所成就，她依然在原来的岗位上拿着一般的薪水。

其实百合也是万分焦虑和痛苦的，看着别人混得风生水起，而自己依然一无所成，心里特别着急。想想过往的优秀，在当下看来，反而成了一个最大的讽刺，内心的羞愧让她想方设法跟以往的同学都断绝了联系。她从不参加同学的聚会，群内的话题讨论更是不理，甚至连熟悉朋友的电话都故意不接，她也不知所措，她不知道自己该如何摆脱生活的陷阱。

“百合，这个任务由你去完成吧！”这是方经理在给她指派任务。听到安排，百合本想拒绝，她心里很反感方经理，方经理自己能力有限，却总是喜欢接一些颇具挑战性的任务，如果完成得好，就是他的功劳，如若完成不了，那就是员工的责任了。

“经理，这个项目我怕胜任不了。先前公司已经派过好几拨人来解决这个问题，但都没有结果。”百合看了看资料，就对经

理推脱说。

可是经理却冷冷地命令说：“必须完成。”

百合无奈，只能勉强接受。刚开始，百合对这项工作只是敷衍，所以工程进度非常缓慢。一次偶然的机会，她遇到另一个部门的经理，这个经理对她说：“这个棘手的项目竟然会交到一个小姑娘的手中，看来你们经理很器重你啊！如果完成了，那真是不可小觑啊！”

百合听了以后，心里有所触动：自己一事无成或许不是因为工作条件恶劣，而是自己的敷衍态度所致，自己是不是总是在拿这些恶劣条件作为自己不作为的借口呢？或许这正是证明自己的绝佳机会，自己眼中的糟糕领导或许会成就自己，自己不能再抱怨和原地踏步了。

此时的她信心百倍。她要凭借自己的实力来证明自己。而那些障碍反而成了她的垫脚石，那些问题成了等待她给出答案的证明题，工作中的麻烦磨炼了她的意志，经过三个多月的艰苦奋战，她居然成功了！当然，她得到了高层的重视，被派往瑞士总部学习，回国后也得到了提拔。

鸟儿依靠的是自己的翅膀，而非足下的树枝；我们凭借的是自身的能力，而不是环境的好坏。环境好，我们可以站得更稳，环境差，我们可以凭借自身的能力做得更好，而真正的传奇往往会诞生于后者。是如坠深渊一蹶不振，还是突围而出成就自我，关键在于我们自己。

试想，如果百合因为环境恶劣而放弃挑战，相信她的生活也

就不可能会发生质的飞跃。

最终想想，我们把责任推给环境，把失败的因素归咎于外界条件，是多么容易啊！甚至我们可以把那些障碍点当作自己中途偷懒的落脚点。可是，这就意味着我们的人生毫无长进，就会停滞不前，人生的风景也会风光不再。

每件事情不见得努力了就会成功，但每件事情你不努力，就一定不会成功！当我们前途渺茫的时候，我们是否还要尝试？是要放弃，还是迎难而上？此时的我们不必背负巨大的压力而辗转反侧，要知道，光芒四射的荣耀来得必不简单。让人们记住也不是那么容易，只有经历困难的洗礼，成功才能加身。

细数自己经历过的“我不行”，客观地评判一下，看自己能否把它变成“我能行”。它不仅可以给自己带来勇气和力量，让身心疲惫的自己充满能量，让软弱无比的内心变得坚强，从而推动我们的工作进程，激发内心的潜能，为一切难题赢得转机。

《达拉斯买家俱乐部》的化妆师在只有 250 美元预算的情况下，获得了奥斯卡最佳化妆造型师奖。糟糕的处境在我们奋力一搏的境况下，事情被圆满地解决了，这不正说明了一切吗？

有机会我们就去尝试，困难并没有人心强大。

任何时候，我们可以说累，但不能说不行。我们应该把每一次遭遇当作是一次重生。挫折在人生中如影随形，可怕的是我们的注意力总是放在好难上，而不是放在如何解决上。这样我们就会把困难无限放大，结果我们不是被困难打败，而是被自己吓倒，丧失了前进的勇气。还没有与难题交锋，自己就已经落荒而逃，与成功的机会失之交臂。

或许，我们可以学着把难题描述成一种可以改变或解决的状态，例如，“自己对这方面的问题是非常陌生的”，可以改成“我可以通过请教他人，研读书籍和实践学习这么多种方法来解决”。我们改变自己的语言，其实也就改变了我们对待难题的态度，将困难转换成机会，你就会发现，任何问题总有它的解决方法。

在困难面前，从自己用心地对待它和找出解决办法开始，然后为实现它而努力奋斗，到如愿以偿。一个人的成功通常不会超过他的梦想，而人生会依照我们描绘的样子而实现。

不管我们身处何种境地，过着何种生活，请谨记：通过自己的付出而得到自己想要的东西的人，才是最聪明的！

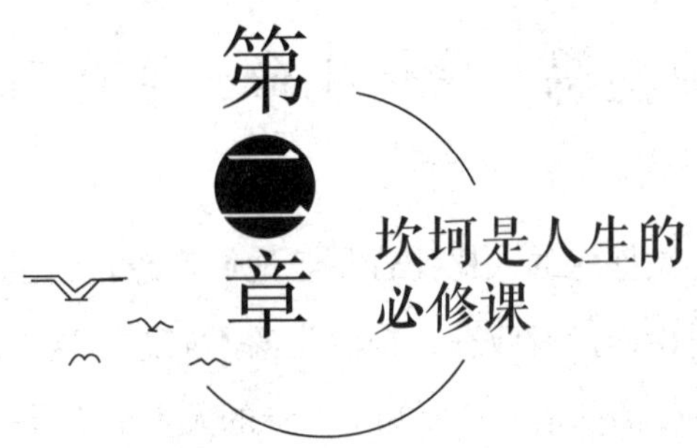

第二章 坎坷是人生的必修课

坎坷是人生的必修课。遥望坎坷，就犹如一座遥不可及的珠穆朗玛峰；面对坎坷，就如同平底的山丘；战胜坎坷，就如平原易野在你的脚下。坎坷是阻挡我们前进的绊脚石。为了更好的生活，我们应当以乐观的心态面对坎坷，不要沮丧，不要悲观，不经历风雨，怎能见彩虹，面对坎坷，我们要勇往直前！

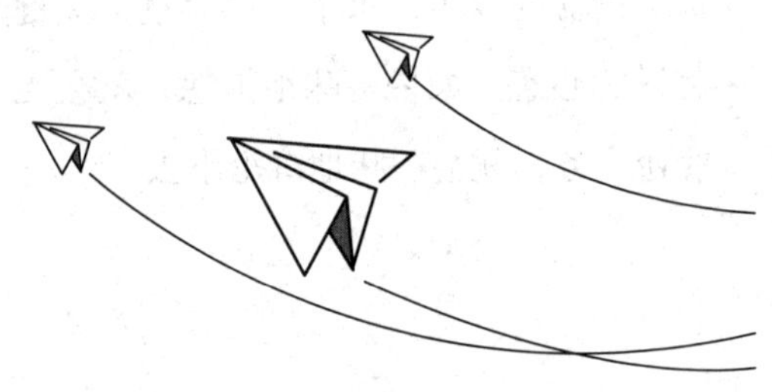

丢掉抱怨，珍惜生命，活在当下

生活中喜欢抱怨的人比比皆是。他们抱怨自己生不逢时，抱怨自己只有付出而没有收获，抱怨生活不如意，这样的抱怨往往会让自己失去生活的信心。要知道，谁的人生也不是一帆风顺的，可是你是否努力要改变现在的生活境况呢？

一位著名的心理学家曾经说过，有人易情绪低落、自暴自弃，无法适应环境，这是因为他们胸无大志。他们没有自知之明，喜欢处处与人攀比，总梦想着能获取与别人一样的机缘，从而获取成功。这样的人总是看到了别人好的一面，拿别人好的一面跟自己的坏运气对比，这样的心态永远无法正视现实。

英国著名的政治家、改革家威廉·威伯福斯是一个身材奇矮的人。作家博斯韦尔在一次听过他的演讲之后，这样评价他："他刚站到台上，我觉得他真是个小不点。但是我听他的演说时，越听越觉得他人变高大了，到后来竟觉得他是个巨人。"

对于威伯福斯来说，身材矮小已经是一辈子无法改变的事实了。可是，就是这么一位身材奇矮、终生病弱的人，靠着积极的心态，一生致力于反对奴隶贸易，废除英国的奴隶贸易制度。

糟糕的经历，每个人都有过，关键是你对待这样的经历是用怎样的心态。如果一味地抱怨，就会无所作为，就会逃避责任，躲避义务，就会一味地沉沦下去。

约翰是一个普通人，他身边的人总是无忧无虑地生活着，但是约翰就没有那么幸运了。他几乎没有开怀大笑过，即使有开心的事情发生时，他一想到自己的身份是一个私生子，就感觉自己不配拥有开心的微笑，被遗弃的痛苦总是浮上心头，感觉只要不被别人嘲笑，就已经很好了，所以他总是一副苦瓜脸。

正因为如此，约翰的妻子离开了他，没多久，他的母亲也去世了。他感觉自己被世界所抛弃，他感觉自己已经不能再承受人生的坎坷了。既然上帝已经抛弃了他，他感觉自己已经没有必要再活在这个世界上了。

于是，约翰便想喝农药来了此残生。当毒药下肚，他突然明白了，自己的生命是母亲生命的延续，即使生活坎坷，也应该活下去，不为自己，为了母亲，想到此，约翰便昏倒了。

幸运的是，约翰没有死。他看到来往的路人，很庆幸上帝眷顾自己，约翰开始渴望自己的新生活，他决定坦然面对生活，不再抱怨，顽强地生活下去。

我们无法改变自己的生活经历，尤其是一个人的出身。如果我们怨恨出身不好，那么接下来的人生路将会充满烦恼和挫折。一个人只有正视现实，接受现实，采用积极的人生态度去面对生活，那我们的人生路才能充满乐趣。

所以无论何时何地，不要抱怨人生，因为我们的人生中充满了机会，当然，也充满了坎坷。当我们面对困难时，不要抱怨，不要以为别人的人生一帆风顺，每个人的人生都不容易，每个人的人生不是只有鲜花和掌声，也充满了荆棘和泪水，也有欢乐和

痛苦。让我们抛掉不切实际的想法，把生活中的酸甜苦辣当作享受，这样才是给自己的人生一个最美的诠释。

世上无难事，只要肯攀登

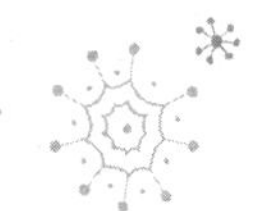

乔治的公司很红火，家庭也很和美，很多人都非常羡慕他。然而，在这之前，却很少人知道他曾经非常落魄，没有工作，没有生活来源，曾经一度陷入彷徨和焦虑之中。他喜欢看书学习，但思绪却杂乱无章。初入社会，没什么经验，他就像一只彷徨的小鸟，在这个陌生的城市里横冲直撞，试图找到一根安稳的树枝，让自己停歇一下。

就连女朋友也看不起他，嫌弃他的出身，嫌他的工作不体面。这些极大地伤害了乔治的自尊心，他只能默默承受着，也深知自己的确没有成功。

这时候，女朋友给他下了最后通牒：回老家接受家里给安排的工作，或者分手。坦白来说，乔治曾经犹豫过、茫然过，不知该如何抉择，是向现实妥协，还是放手一搏？

最终女朋友离开了他，临走时对他说："在你的心里还是实际的利益重要，我不如你想获得更好生活的渴望重要。任何一段关系或许都是不平等的，我没有我以为的那么重要，你也没有那么在乎我。"其实我知道，我非常在乎她，只是我不想一事无成。我不想回到老家，接受一份自己不热爱的工作，那样我会生活在悔恨和痛苦当中，我不相信，那样我会过得更好。不论是生活，

还是工作，我都希望证明自己，凭借自己的力量守护自己的爱人，只是她有点等不及了，而那时的我却没有资格留下她。这些话只是乔治的心里话。

庆幸的是，他如愿以偿进入世界500强的公司，并担任团队主管。现在的乔治喜欢在宁静的下午，品着绿茶，望着平静的江面以及街道上来往的人群。他希望这一切永远留在自己的脑海里。我们回想过去就会看到，清晰的时光是怎样延展开来的，我们是怎样得到我们想要的生活的。年轻人的满腔热血是对抗这个世界的全部底气。我们坚信自己生来背负使命，生活的磨难只不过是暂时的搁浅，自己的理想就在不远处。可是，我们知道虚张声势的表面下是不为人知的黯然神伤。

虽然分手已经多年，但乔治并不后悔。唯一后悔的就是，分手的方式或许太糟糕了，但细想下，糟糕的分手方式不过是试图通过在世间获得一点安全感来保护自己罢了。

此后，乔治立下誓言，一定要强大起来，对自己的选择一定要谨慎再谨慎，不要轻易迷失在各种诱惑当中。

人生处处面对选择，就像当年为了自己的事业，而放弃了感情，为了自己的生活目标，而放弃了看得见的安逸生活。我们的人生需要走很长的路，或许才会懂得什么是生活，才会懂得我们所做的抉择意味着什么。

在人生的十字路口，向左还是向右？是怨愤还是原谅？我们需要褪掉过去的旧壳，才能获得崭新的人生。

刚刚走出学校大门的乔治同千万个年轻人一样，心中充满着

理想，充满着期待。只是实现的过程却异常的艰辛，需要漫长而严厉的磨砺，才能展现锋芒，实现自己的理想。

而这已经足矣。生活的磨难最终还是结出了美丽的果实，从而没有辜负时光的蹉跎。

只是很多时候，我们从心底里愿意停留在原地，或者选择更容易的那条路，而缺乏向前的勇气。我们习惯迎合别人，去顺从大多数人的意见，做什么都不想太孤单，不想标新立异。

也许，那些太早放弃的人，不是没有能力，而是心中有太多的挣扎和假设，便失去了承受美丽失去后的勇气。但是，我们总是要对自己负责，不管是工作，还是人生。在我们摇摆不定的时候，扪心自问，是否愿意凭信心等待和领受呢？是坚持还是离开？但我们要明白，不同的选择会有不同的结果。

当我们左右为难之时，请不要失去信心，因为它可以支持我们度过难捱的岁月。每个人一生中都会有许多期盼，凭着这份期盼，我们可以缓解难堪，消除慌张，可以从险境中脱困，在危难中存活，从病弱中恢复活力，从艰辛中获得安稳。

对于乔治来说，他的期盼可以给现在的家庭一个合理的交代，给过去的挫折一个完美的结果，给不远的将来一份无悔的答卷。

至少等到两鬓斑白之时，回首往事，可以自豪地说："人生中，我没有被生活的磨难打败，我不得不辜负过一些人，但我没有辜负我自己。虽然我的事业不是轰轰烈烈，但也小有成就。"

归根结底，我们所有的期盼就是让我们自己有足够的力量，能够真正拥有一点什么，并且好好地守护它。

有因必有果。我们此刻的决定就是我们日后的所得，既已下

定决心，那就要毫不犹豫，我们坚信没有过不去的坎，只有不愿奋进的心。

未来已经在召唤我们，那我们就跟随内心的渴望，不必再回头，我们只要做事，向前走！

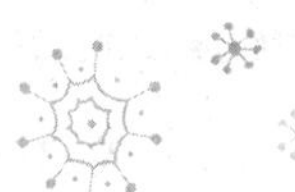

过去的已是过眼云烟，拥有的才是实实在在

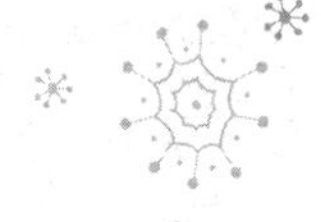

在荷兰的阿姆斯特丹，15世纪的教堂遗址上刻着这样一句话："事必如此，别无选择。"人生的旅途中，难免会失去什么，有些或许你并不在意，而有些或许是你一生中最重要的东西。《大话西游》中的一段对白非常经典，那就是，等到失去才追悔莫及。所以，我们应该珍惜眼前的一切，坦然面对失去的东西，努力追寻渴望的东西。

法国人曾经最喜欢的女演员莎拉伯恩·哈特是四大州剧院里独一无二的"皇后"，有"金色声音"和"女神"的美称。但这位万众瞩目的女神的经历并不平坦。

一次，莎拉乘坐横渡大西洋的轮船时，遇到了暴风雨，在甲板上不慎摔倒，右膝盖受了重伤，并且感染了静脉炎、腿痉挛等病症，很长时间也没有治好，并且越来越重。这时候医生认为她的腿必须锯掉，医生也担心莎拉会接受不了这个噩耗。

但让医生没有想到的是，在医生委婉地告诉她时，莎拉平静

地接受了这一现实。她没有哭闹，只是保持沉默了很长一段时间，然后平静地说：“如果必须要这样，那就锯掉吧，我必须接受这个事实。”

在莎拉接受手术的时候，她的儿子哭了，而莎拉却安慰自己的儿子：“我很快就会回来的。”在被推进手术室的路上，她一直在背着她曾经演过的一出戏中的台词，有人问她这样做是不是为了让自己减轻痛苦？她笑着说：“不是啊，我只是想让医生和护士们高兴一点。他们的压力或许比我的更大呢！”

莎拉的手术非常顺利，可她也因此失去了一条腿，但她依旧继续着自己的生活，继续着自己喜欢的工作。在第一次世界大战当中，她积极奔赴前线，在帐篷里、粮仓里、战地医院的临时舞台上，慰问士兵，登台表演，甚至还去美国进行了巡回演出，就这样，一条腿的莎拉让观众又为她疯狂了七年。

对于一位演员来说，一条腿是多么的重要！而莎拉却选择了坦然接受，她没有沉浸在失去一条腿的痛苦当中，而是勇敢地重新站了起来，开始了新的生活，选择了继续在舞台上展示自己的魅力。

但是像莎拉这样的人只是少数。在生活中，不论是残疾人，还是健全的人，都难免失去什么，但如果对失去的东西念念不忘，认为那些失去的东西是自己的全部，是自己不能缺少的，那么你的人生就一定会充满着叹息、忧愁和懊恼。其实，不妨多看看自己所拥有的，自己所拥有的东西比自己失去的不知要多多少倍。念旧固然没有错，但这就意味着自己仍旧拥有的理想和抱负也跟

着失去了，那我们的人生还有何意义呢？

我们要做命运的主人，我们主宰着自己的人生。属于我们自己的东西也难免会失去，失去的东西有的可以弥补，拥有的东西还需要我们继续珍惜。只要我们把握好现在，只要我们不失去信心，那我们的明天就会更加美好。

请重新审视自己的理想和抱负，不要总藏在阴影当中，因为外面的阳光是如此明媚。我们所失去的只是人生的一段插曲，我们的精彩人生不要因为失去任何东西而缺少光彩！

失去的只是过程，而非结果

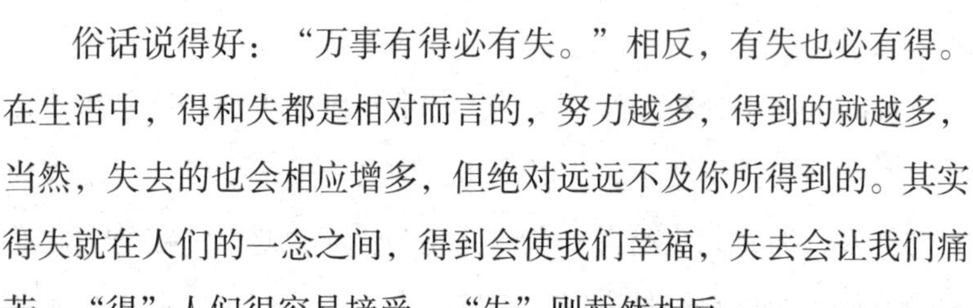

俗话说得好："万事有得必有失。"相反，有失也必有得。在生活中，得和失都是相对而言的，努力越多，得到的就越多，当然，失去的也会相应增多，但绝对远远不及你所得到的。其实得失就在人们的一念之间，得到会使我们幸福，失去会让我们痛苦，"得"人们很容易接受，"失"则截然相反。

在一些人的心中，"失"是一件不能接受的事情，这可能源自他们心中的贪念或留恋。总之，失去的感觉会让他们冲昏头脑，从而失去判断的能力，以致做出不理智的行为。他们不会去想是不是因为自己不够努力而失去了？他们不能接受失败，也不能接受失去。

而成功者最需要的一种品质就是坚持不懈，但需要看清事物的本质。"壮士断腕"也需要一种勇气和智慧，但我们也要充分

考虑自身的能力，要量力而行。

不知道大家还记得不记得巴黎一家现代杂志曾经刊登的一道有趣的测试题，题目简单，却难以回答：“如果有一天卢浮宫燃起了大火，而你只有从众多珍藏中抢救出一件艺术品的时间，你会选择哪一件？”

答案数以万计，但只有一位年轻的画家获奖了，他的答案就是——选择离门最近的那一件。

这个回答可谓非常睿智理性，大火面前，有什么能比生命更重要呢？当然，欲望是可以有的，因为欲望能够让人产生目标以及为目标而奋斗的动力，但我们也要学会驾驭自己的欲望，懂得适可而止，否则，欲望将成为一匹脱缰的野马，牵引着人走向无底的深渊，让人陷入一种悲苦的状态，完全失去人生的意义。

有的人活得轻松愉快，有的人却活得沉重艰难，这是为什么呢？不是因为世事变了，而是因为人内心的追求变了。一个人拥有的越多，那么无法割舍的东西就越多，那他此生注定要为此而饱受煎熬。如果我们具有得之坦然、失之淡然的勇气和心智，那么我们就不会遭受煎熬，生活必会平静、洒脱和惬意。

有两个拿着藏宝图到沙漠寻宝的人，水尽粮绝，历尽千辛万苦也没有找到宝藏，望着无垠的沙漠，他们开始后悔自己的贪婪。如果不是自己的贪婪，自己也不会来到这个鬼地方，他们绝望了。饥渴难耐，筋疲力尽。

他们只能在心中默默地祈求上苍。

而出乎意料的是，就在他们俩濒临死亡的那一刻，一队商旅出现在了眼前。他们喜出望外，只求可怜可怜他们，给自己一点水和食物就好，只要能够活着，走出这片该死的沙漠。

得到救助以后，其中一位打算回家，可另一位却说，宝藏已经近在咫尺，现在我们已经有了水和食物，我们还怕什么呢？绝不能空手而归。那个人感觉言之有理，于是两个人便继续寻宝。

几天之后，他们终于找到了宝藏。他们非常兴奋，把随身携带的所有口袋都填满了宝藏，可是宝藏太重了。没过多久，两个人便感到饥渴难耐，但他们又舍不得扔下宝藏，于是只能继续往前走。只感觉路越走越长，沙漠越来越大。之前想要回家的那个人扔下了一些宝物，好让自己轻松一些，但另一个人却不肯把任何一件宝物扔下。

时间不长，两个人的腿都像灌了铅似的，一步也迈不动了。为了能走出沙漠，之前的那个人又扔了一些宝物，而那个贪婪的人仍然没有放弃任何一件宝物，不仅如此，他还嘲笑另一个人马上就要扔光所有的宝贝了，即使走出沙漠，又有什么意义呢？

此时，想回家的寻宝者把身上所有的宝贝都扔了，对另一个人说："我的确什么也没有得到，但是我能分得清得失，如果我坚持拿着这些宝物，我很可能走不出这片沙漠，虽然我失去了宝物，但只要我活着，我就有机会去寻找更多的宝物。"

说完他轻装出发，很快就走出了沙漠。

而贪婪的寻宝者却没有走出去，他筋疲力尽，躺在了沙土上，

等待着死神的到来。他开始后悔，不就是一些财宝吗？为什么总是放不下呢？如果我能看得清得失，就不会丢掉性命了。

人们常说，舍得舍得，有舍才会有得。贪婪的寻宝者被金钱冲昏了头脑，不忍心扔掉到手的宝贝，最终却付出了生命的代价。

得与失孰重孰轻？患得患失的人总是将个人的得失看得很重，贪婪的人会因为得到而欣喜若狂，也会因为失去而痛哭流涕，而淡泊的人只会对偶然得到的微微一笑，对于无奈失去的却心静如水。

人生短短百年，即使拥有再多，也照样是生不带来，死不带去。如果过于看重得失，心胸就会变得狭窄，目光变得短浅，最终将会一事无成。

有失才有得，过分追求某些东西，就会耗掉你的巨大精力。而一旦失去，你的损失也就更大。不该得到的，即使得到了，也会失去，应该失去的，也不要挣扎着去勉强挽留。太注重得失，就会让我们陷入烦恼之中，而得不到平静。

请守住自己的人生，学会看淡一切，用一颗平常心去生活，不论得失，做到心境平和，努力得到自己渴望的，坦然面对自己失去的，不要怨天尤人，不要悲观失望，不要自暴自弃，保持一颗端正的心，这才是生活给予我们最重要的东西。

不完美是这个世界的本质

我们每个人都希望自己得到公平的待遇。但在这个世界上，绝对的公平根本就不存在。社会的不公，职场的不公，命运的不公，充斥着整个世界。既然如此，我们为何还要抱怨这个世界的不完美呢？就让我们坦然面对，面对这个无法改变的世界，尽力去改变我们对这个世界的态度。

高尔夫球运动是有钱人的一项高雅运动，现在的职业高尔夫球巡回赛越来越多，例如，美国、欧洲、日本、南非、澳大利亚和亚洲巡回赛，等等。但我们可能还不知道，高尔夫是一个实现种族融合的运动，高尔夫曾经只是白种人后花园里的游戏。幸运的是，曾经高不可攀的高尔夫，今天已然成为世界普及的国际体育运动。

有一个黑人，他很喜欢这项运动。可是三十年代初期，当他在美国南方当球童的时候，他却不得不与种族主义做斗争。

他就是大名鼎鼎的查尔斯·斯福德。

时间过去了半个世纪。

查尔斯·斯福德从来没有想过自己会是这项运动的大使。他也从来没把种族歧视和偏执己见视为问题。他只是热爱他喜欢的运动而已。

查尔斯·斯福德喜欢在打高尔夫球的时候嘴里叼着雪茄，并

因此一举成名。他为人谦逊，性格坚毅，对种族歧视逐渐变得愤慨。1960 年，他起诉美国巡赛成功，美巡赛只好修改条款允许黑种人参赛。查尔斯·斯福德成为第一位在美巡赛上夺冠的黑人，并在 1967 年获得大哈特福德公开赛的冠军，1969 年洛杉矶公开赛冠军和 1975 年美国常青 PGA 锦标赛冠军。2004 年，查尔斯·斯福德进入了世界高尔夫名人堂，2008 年，查尔斯·斯福德获得了高尔夫大使奖，达到了他本人高尔夫职业生涯的巅峰。

这引起了美国各方白人的强烈不满。白人污蔑查尔斯·斯福德偷走了他们高尔夫比赛的冠军，并把粪便放进了他在凤凰公开赛的奖杯里。

在各种诬陷、排斥、打击、诽谤面前，查尔斯·斯福德没有屈服，而是依旧高高昂起他高贵的头颅，用自己奋发向上的积极态度来回应那些对他的屈辱。他说：“如果有什么人没有机会打球，那才是丢脸的事情。无论你的皮肤是黑色的，白色的，蓝色的，又或者是绿色的，如果你考取了资格，你就应该有机会打球。”“我只是希望做到普通黑人不能做到的事情。我喜欢打高尔夫，因为那是我唯一了解的一样东西。”

查尔斯·斯福德是一个黑人，喜欢高尔夫这项运动，是第一个进入美巡赛的非洲黑人，也是第一个在美巡赛上夺冠的黑人。他为此饱受来自美国白色人种各个阶层的漫骂，甚至是白人的武力威胁以及死亡威胁。可是查尔斯·斯福德没有害怕，更没有销声匿迹，而是继续高傲地昂起头颅，蔑视所有挑衅，最终为非洲黑人同胞能顺利参加高尔夫比赛铺平了道路，成为世界高尔夫运

动的先驱之一。

查尔斯·斯福德之所以能进入世界高尔夫名人堂，不是凭借所谓的运气，而是他的信仰、勇敢、顽强、耐心和人性高贵尊严。他之所以获得如此巨大的成就，是因为他懂得实现人生的价值，让自己的一生过得有意义。

查尔斯·斯福德的崇拜者艾德瑞克·泰格·伍兹说："他在成为 PGA 巡回赛黑人先锋的成功道路上顽强拼搏，经历了难以想象的磨难和痛苦。"

是的，没有谁生来就是一帆风顺的。成长的过程总会磕磕碰碰。一路走过，我们可以痛，可以悲伤，可以大哭。但别沉溺悲伤太久，别纵容眼泪，哭伤了双目。人一定要站起来，更坚强地面对自己的生活。

我们生来就不是为了要去满足某个人的愿望，也不是为了某人的心情而存在。我们来到这个世上，就算最终是碌碌无为的一生，也一定有一个闪光的时刻。看到最美好的今天，阳光这么灿烂，景色如此美好，何必自寻烦恼。用一种平和的态度支撑自己吧！理性前行，使之成为一种毕生习惯，在滚滚红尘活出自己的态度。

很多时候，再冷，再痛也要扛住，咬着牙忍住不让自己哭，因为那些痛苦的情绪和不愉快的记忆会使人萎靡不振。反倒是突如其来的温暖一下子就能让人感动不已。所以把一些无谓的痛苦潇洒扔掉，快乐才会有更大的空间。

尊重生命，活出自己人生的价值和精彩

“宝剑锋从磨砺出，梅花香自苦寒来。”在这个到处充满竞争的社会里，若想实现自己的梦想及常人所不及，那就必须要不断地拼命。因为只有拼命，才能提高自己的技能；只有拼命，才能赢得他人的认可；只有拼命，才有可能是笑到最后的那个人。所以，我们不要因为看到的现实而唏嘘不已或感慨良多，而要立刻行动起来，积极应对人生的一切险阻，开启一段精彩美满的人生旅程！

帕格尼尼是世界上著名的小提琴家。他是个天才，但同时他一生都在经受着病痛的折磨，他是一个把天才和苦难演绎到极致的奇人。

帕格尼尼的一生经历了很多苦难。4 岁时，他因为麻疹和强直性昏厥症，差点儿死掉；7 岁时，他染上了猩红热，险些丢掉性命；13 岁时，他得了严重的肺炎，不得不大量放血进行治疗，身体极度虚弱；46 岁时，他的嘴里突然长满了脓疮，拔掉了几乎所有的牙齿；牙病刚好，又得了可怕的眼疾，几乎失明；50 岁后，又患上了关节炎、肠炎、喉结核等多种疾病。再后来，他的声带也坏了，他儿子只能根据他的口型来判断他想要表达的意思。58 岁时，帕格尼尼便去世了。

命运对于帕格尼尼来说太残酷了。但是帕格尼尼并没有为此

沉沦，他长期把自己“禁闭”起来，每天练琴 10 ~ 12 个小时。从小他就跟着父母周游各地，过着流浪的生活。尽管经历了种种磨难，但帕格尼尼却是一名的小提琴天才。他从 3 岁开始练琴，12 岁时就举办了第一场音乐会，而且一举成名，轰动了整个音乐界的人士，人们都纷纷称赞他是一个神童。后来，他又到法、意、奥、德、英等国家去演出，所到之处，都受到了大家的一致好评。帕尔玛首席小提琴家罗拉听了他的演奏都惊呆了，再也不好意思收他为徒；意大利的观众为他的琴声发狂，称他是共和国首席小提琴家；维也纳的一个盲人听了他的琴声，以为是一支乐队在演奏，当盲人得知是帕格尼尼一个人在演奏时，立即大叫“他是魔鬼”，然后匆忙逃走了。

怕格尼尼就是这样一个在苦难中成长起来的天才。他的琴声奇妙无比，像有一种魔力让人着迷，他的琴声征服了整个欧洲乃至全世界。另外他还创作了六首小提琴协奏曲。

“人有悲欢离合，月有阴晴圆缺，此事古难全。”世上万物都有圆有缺。尺有所短，寸有所长，一分为二，变幻无穷。帕格尼尼因残缺而弥补，因弥补而得全。在各种演出中，帕格尼尼靠着天人合一表演征服了观众。人们只听到了他精彩的表演，却不知他背后所传出的艰辛。

没有人能像帕格尼尼一样把小提琴曲的感情写得那样的丰沛，没有人能像帕格尼尼一样把小提琴曲演奏得那样的汹涌、深邃和奇妙，这位伟大艺术家的贡献的巨大和独特是我们无法用词语来定义的。小提琴家中间任何人也没能拥有像帕格尼尼那样巨

大的声望。在同时代人的眼里，他似乎是个谜，是个奇人。

将来的你一定会感谢现在拼命的自己

《独立宣言》是托马斯·杰斐逊于1776年7月4日起草并由13个殖民地代表签署美国从英国独立的最初声明文件。文件宣称，我们认为这些真理是不言而喻的：人人生而平等，造物者赋予他们若干不可剥夺的权利，其中包括生命权、自由权和追求幸福的权利。当任何形式的政府对这些目标具破坏作用时，人民便有权力改变或废除它。这些话语对于沉浸在理想状态的年轻人来说颇有诱惑力。当年轻人踏足社会遇到现实问题的时候，往往会产生迷茫的情绪。

其实，现实是客观存在。存在即是合理，这话在一定范围内是正确的。人类社会绝对公平是不可能的，因为经济水平和能力发展都是有差异的。这个世界上唯一公平的就是我们在宪法许可的范围内实现理想的机会是平等的。无论你属于哪一个阶层，在追逐梦想的概率方面是公平的。

邓亚萍的父亲是黑龙江省体育教练。也许是因为受到家庭的熏陶，邓亚萍从小就立志做一名优秀运动员。

然而，她个子矮，手脚粗短，和体校招生要求悬殊太大，所以体校的大门没能向她敞开。没办法，年幼的邓亚萍跟身为

体育教练的父亲学起了乒乓球。父亲对她充满了期待，规定她每天体能课结束之后，还要连续不断地练习 100 个接发球的动作。

邓亚萍明白了父亲的意思：别人说你不行，你就要自己争口气，要加倍苦练才行，所以邓亚萍从小就很乖，训练特别能吃苦。为了能使自己的动作更加规范，球技更加熟练，基本功更加扎实，当时只有七岁的邓亚萍，便想了个办法，在自己的腿上绑上了沙袋，而且把木牌换成了沉重的铁条。

对一个孩子来说，这是多么不容易！这不仅仅要使自己的身体得以锤炼，在心理上还得承受常人难以承受的巨大压力。小小的邓亚萍每一次挥拍时的闪、躲、腾、挪，都可以用举步维艰、撕心裂肺来形容。

腿变肿了，手指磨破了，疼得锥心，但是邓亚萍从不叫一声苦，不喊一声累！

负责训练的父亲，表面上是“黑脸包公”，冷酷无情，实际上背地里心疼得直掉眼泪。

一分耕耘，一分收获。付出总有回报。由于邓亚萍的顽强训练，才十岁的她便获得了全国少年乒乓球比赛团体冠军和女子单打冠军，一炮而红，被选入国家队。

进入国家队后，邓亚萍对自己的要求更高了。乒乓球队规定上午练到 11 时，她就给自己延长到 11 时 45 分；下午乒乓球队要求训练到 6 时结束，她就练到 6 时 45 分或 7 时 45 分；乒乓球队封闭训练规定练到晚上 9 时，她却常常练到 11 点多。邓亚萍为了训练，经常耽误了吃饭的时间，于是她就自己泡方便

面吃。

在乒乓球队里练习全台单打进攻时，邓亚萍的腿上依旧绑着沉重的沙袋，而且在两位男陪练的左右开弓下左突右奔，常常一练习就是两个小时。

眼疾手快是对乒乓球国手的基本要求。为此在进行多球训练时，邓亚萍每次都是瞪大眼睛一丝不苟地接练教练们发来的像连珠炮似的乒乓球，一接就是1000多个。张燮林教练曾经统计过，邓亚萍这样练习接球都在1万多个以上。

每一天高运动量下来，邓亚萍的衣服、鞋袜都湿透了，甚至连地板上也会被汗水浸湿一片。为了提高球技和基本素质，邓亚萍不得不重新换衣服、鞋袜，甚至换球台继续练习。

如此大运动量、高强度的乒乓球训练，使得邓亚萍身体从颈到脚的很多部位受伤，都是伤病。

脚底磨出了血泡，邓亚萍就挑破它，再裹上一层纱布接着练；腰肌劳损疼痛，邓亚萍就不得不系上宽宽的护腰；膝关节脂肪垫水肿踝关节几乎长满了骨刺，异常疼痛，邓亚萍平时能忍就忍。实在痛得忍受不了的时候，就请队医给自己打一针封闭；即使是伤口感染，邓亚萍也只是挤出脓血接着练，轻伤不下火线。

功夫不负有心人。邓亚萍先后获得了14个世界冠军、4届奥运会冠军，在乒坛世界排名连续8年保持第一，成为唯一蝉联奥运会乒乓球金牌的运动员，是乒乓球史上排名“世界第一”时间最长的女运动员，是乒乓球历史上最伟大的女子选手。

1997年5月，邓亚萍获得曼彻斯特世乒赛女团、女双、女单三项冠军后，正式淡出国家队，1998年9月正式退役。退役后进

入清华大学、剑桥大学学习英语。

刚到清华大学外语系报到时，指导老师让她一次写完最简单的26个英文字母。当时在别人眼中是轻而易举的事情，可是邓亚萍却绞尽脑汁后才艰难地把它们写了出来。

这给了邓亚萍很大的刺激。为了迅速地提高自己的英语成绩，邓亚萍跟自己拼上了。她把自己的睡眠时间压缩到最低限度，经常学习到很晚才肯休息，有时一边走路，一边读英语，就连吃饭的时间都不放过。

1998年2月，邓亚萍前往英国剑桥大学读书，坚持按时完成作业和预习功课，顺利获得了硕士学位。之后，邓亚萍继续攻读博士学位，并且梦想成真。

每个人尽管处于不同的阶层，但是在实现自己的梦想的路径上是平等的。年轻人不要纠结于自己的家庭和出身，唯一要做的就是努力拼搏，改变自己的命运。因为这个时代是实现梦想改变自己最好的时代。

年轻人，你需要的是一个公平的机会

社会上有这样的一种认识：财富等同于机会。这种观念认为财富创造机会，年轻人只要掌握了更多的财富，就等于拥有了更多的机会。其实这两者之间尽管有联系，但并不等同。年轻人应该怎样处理好财富与机会的关系并在竞争中脱颖而出，进而实现自己的理想呢？

首先，我认为年轻人不要过分看重自身家庭的经济实力。不少年轻人依赖父母的帮助，觉得自己能否在社会上立足完全需要看家里的经济基础是否够坚实。这实在是太荒唐了，简直是糟糕透顶的坏主意。因为这个世界上白手起家创下宏大事业的成功人士比比皆是，如李嘉诚、包玉刚、王健林、潘石屹、史玉柱、马云、刘强东，等等。

其次，有个问题摆在眼前：一个由父母提供千万资产的年轻人和一个不名一钱的年轻人，哪一个更容易抓住机会？毫无疑问，通常是后者。为什么呢？

因为前面那个年轻人已经拥有了巨大的财富，他一定会产生“原来成功如此容易”的错觉，导致他对商机灵敏度的降低。但是不名一钱的年轻人会千方百计、绞尽脑汁地寻找成功的机会，这无形中增大了发现机会的灵敏度，所以就更容易成功。因此就算财富不平等，年轻人也能够通过把握机会来实现人生最后的公平。

总之，父母财富的多寡和你的成功之间没有必然的联系。作

为年轻人，务必要懂得公平的机会才是决胜的关键。抓住了机会，就会有无穷的可能。

1998 年，刘强东背着父母辞去在外企的工作，在中关村租下一个小柜台，卖刻录机、压缩卡 (把录像带转成 VCD) 和光盘。开始时公司就他一人，每天要去马路边发宣传单。那时和京东做相同生意的公司，中关村已经有十几家，年销售额上千万。刘强东只有 1.2 万元本钱，别无其他，能做的只是比别人更多地关心客户需求。刻录机越卖越火，京东开始代理雅马哈、理光、NEC 的产品，并获得了全国独家代理权。2001 年，京东年销售额达 6000 万元。

2001 年，在中关村苏州街上的银丰大厦，刘强东的第一家零售店开张了。这家零售店取名为“京东多媒体”，最初只有两个人，主要销售高端声卡、键盘、鼠标等毛利较高的电脑外设产品。刘强东感觉到从做代理到做零售连锁的挑战。导购员不仅要专业，而且要不断积累经验。比如一进门，男客户大部分向左走，女客户向右走，这种偏好就能传达很多信号。

2004 年刘强东嗅到了互联网的气息。他已经完全被互联网吸引了，大部分时间泡在网上和京东的 2700 名注册用户聊天，混得很熟。这时，京东一直是线上电子商务与线下连锁业务并行发展，刘强东选择了网上零售。2008 年 2 月，京东的产品品类扩展到家电，2018 年双十一，京东销售额超过了 1000 亿人民币。

刘强东从 1.2 万元开始起家做到了资产上千亿的规模；李嘉

诚从卖塑料花开始，建立了自己傲视全球的长江实业。所以，年轻人起步不要在乎父母能给你提供多少资金，只要抓住机会，人生就有可能精彩。

快乐才是人生的主旋律

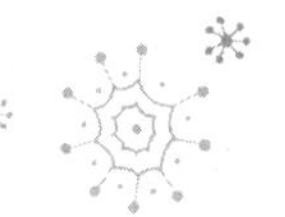

作为老年人，最后悔的事情是什么？老年人基本上都会这么说："唉！这么多年，自己没有抓住机会，错过一次又一次的机会，真是后悔死了。"抱怨之声不绝于耳，痛彻肺腑。那么作为年轻人，我们最大的资本是什么？毫无疑问，我们年轻，有的是大把的时间去尝试，去失败，去成功。

大千世界，芸芸众生，我们走过了深深浅浅的岁月。可是我们总是发现，在周围老是有那么一群人喜欢抱怨，抱怨天气，抱怨领导，抱怨生活的不公，抱怨婚姻的不如意，抱怨生意不好做，抱怨孩子不听话，等等，抱怨这，抱怨那，似乎这个社会就是牢骚遍布的世界。可是，抱怨总有结束的时候。抱怨之后，试问我们得到了什么？

也许，我们得到了心灵烦恼的释放，得到了一堆无穷的烂摊子和一捆杂乱如麻的坏心情，甚至本是晴空灿烂的天气也因为抱怨而变得阴云密布了。

大学毕业后，我应聘到一家公司策划部门上班，策划部一共4个人。因为我文笔好，很快受到经理的重视。一般情况下，我

起草的活动方案，经理稍加改动，就直接报给公司最高层审核付诸实施。

有一次，公司要开展一次送温暖下基层的活动，起草方案的活自然落在了我头上。由于我先与要去的那个地方进行了联系沟通，所以很快完成活动方案，得到了高层领导的好评。

可是，就在这次活动启程的头天夜里，我朦胧中接到公司秘书小王打来的电话。她告诉我，公司领导临时改变了决定，那份活动方案需要修改，要我马上回公司。我一看，已经是凌晨一点。心中十万个不愿意地拿起件外衣往外走。到了公司一看，经理也在。虽然我很快完成了方案的修改，但大家都觉察出了我不快的情绪。

也不知道为什么，自从这件事后，我的心理发生了微妙的变化，抱怨开始多了起来，一点小事都会斤斤计较，慢慢地，抱怨的情绪逐渐占据了我的内心，连我自己都不敢相信了。久而久之，同事们开始慢慢地疏远了我。经理也不再让我承担主要工作，而是叫我配合其他同事。

春节临近了。为庆祝即将到来的新春，公司决定与另外3家企业联合举行一次大型联欢会。可在联欢会进行当中，公司老总看到员工的表演很出色，心里一高兴，就要求一、二、三等奖分别增加一名表彰名额。面对这突如其来的变化，经理心急如焚。这时，我主动为经理策划了方案。经过一番忙碌，在晚会即将结束的时候，我们把新增加的证书、奖品已经全部准备就绪。事后，公司老总看到我们如此高效率地应对突然的变故，专门给予我们部门提出书面表扬。

这次段经历让我明白，办法总比困难多。与其满腹牢骚地抱怨，不如用积极的心态去面对挫折和挑战，想尽一切办法加以解决。况且任何事情都有利有弊。处理突发性事件也可以锻炼我们处理公共事件的能力，为我们的人生历练积累经验，何乐而不为呢？因此，抱怨不是人生，快乐才是人生的主旋律，你说呢？

第三章 一生如此短暂，人不能与草木同朽

人活着有三个阶段：生存、生活、生命。生存状态是为了活着而活，吃饱穿暖，得过且过，这是人活着的最低级阶段；生活状态是为了成长而活，思想意识得到提升，修身养性，助人助己，绝大多数人都处于这个阶段；生命状态是为了分享而活，自己活得好，也想让别人活得好，带领团体，分享智慧，最终实现共同富裕，这是人生的最高境界。

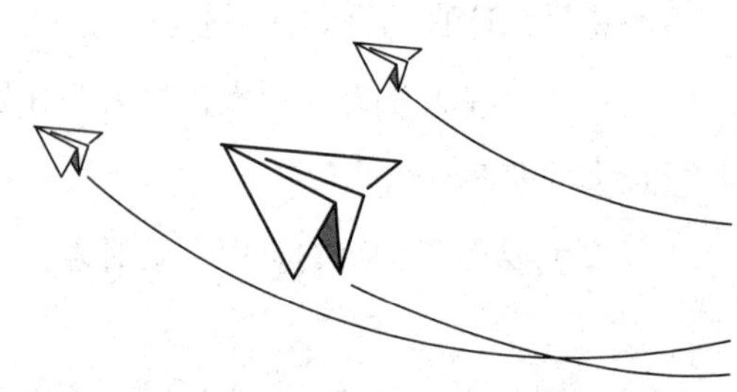

人的一生很短，需要一盏正确的航灯

理想和追求是一辈子努力和发展的方向。

吃饭是为了活着，但活着可不仅仅是为了吃饭。在人的一生中，活着的意义究竟在哪里？人到底是为了什么而活着？猛一感叹，其实人生并没有多少意义。但是既然活着，我们就得给自己确立一个人生的方向。

“生命诚可贵，爱情价更高。”有人追求爱情，为爱情百折不回、无怨无悔；“钱钱何难得，令我独憔悴。”有人追求金钱，为金钱殚精竭虑、夙兴夜寐；“劝君更尽一杯酒，西出阳关无故人。”有人追求友情，为朋友两肋插刀、赴汤蹈火；“三省比来名望重，肯容君去乐樵渔。”有人追求名誉，为名誉立身持正、两袖清风……这也只是人生的一部分。

人生在世，应该说人人都有人生方向。否则再美好的人生也会如同嚼蜡，毫无价值。成功有成功的基础，失败有失败的借口。无论哪种理由，其实都是一盏指向人生意义的航灯。

如果一个人从不知道自己的人生方向，从来没有任何理想和追求，只是浑浑噩噩地消磨时光，那么他自然也就无法明白人活着的意义，这真的是非常可悲。

一个没有人生方向的人，整天跟在别人屁股后面转，那是人生最大的悲哀。

人生要实现自我的价值，就必须定下一个目标。目标无论大

小，都是自己人生的方向。

个人的幸福生活也离不开方向的指引。辉煌的人生取决于人生的方向。

确立方向是人的一生中最值得认真去做的事情。希腊哲学家小塞尼卡说过：“如果你不知道方向，那么任何风对你来说都不是顺风。”所以我们得放下架子，虚心请教“我是什么样的人”，还要很清楚“我究竟需要什么”。这个问题包括未来的事业，结交的朋友，培养的兴趣爱好，过什么样的生活，等等。这些问题并不可笑，相反，是非常现实的生活。它们之间既相对独立，又相互关联，从而共同构成了人生的方向。

如此一来，方向明确了，人的意义就体现出来了，人生的旅程中就会减少生命的颓废和空虚，而增多了愉快和喜悦。这个方向就会如同茫茫大海上夜幕里璀璨的航灯，指引着我们鼓起勇气，克服困难，向着理想的巅峰顽强地攀登，从而实现自己的人生梦想。

人生的意义与金钱无关。那些醉心于财富积累的人，临死之前他会无比后悔地发现，财富的增长并不能给自己带来真正的快乐。均瑶集团的创始人王均瑶去世前说过，此刻，在病魔面前，我频繁地回忆起我自己的一生，发现曾经让我感到无限得意的所有社会名誉和财富，在即将到来的死亡面前，已全部变得暗淡无光，毫无意义了。

我也在深夜里多次反问自己，如果我生前的一切被死亡重新估价后，已经失去了价值，那么我现在最想要的是什么，即我一生的金钱和名誉都没能给我的是什么？有没有？

现在我明白了，人的一生只要有够用的财富，就该去追求其他与财富无关的，应该是更重要的东西，也许是感情，也许是艺术，也许只是一个儿时的梦想。人生是一段坎坷的旅程，找到了人生方向的人是最快乐的人，他们在每天的生活中都体验和享受着这种快乐。对于人生方向的追求使得他们的生命更加有意义。

理想是我们前行的航向

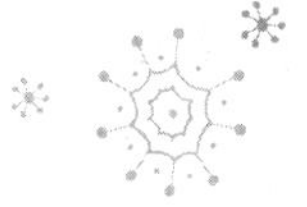

马丁·路德·金曾经在林肯纪念馆的台阶上发表了著名演讲《我有一个梦想》。他愤怒地说道："朋友们，今天我对你们说，在此时此刻，我们虽然遭受种种困难和挫折，但我仍然有一个梦想，这个梦想深深扎根于美国的梦想之中。我梦想有一天，这个国家会站立起来，真正实现其信条的真谛：我们认为真理是不言而喻，人人生而平等。"因此，他为了争取黑人的权利而到处奔波。1964年，他被授予诺贝尔和平奖，登上了《时代》杂志的封面。2011年，马丁·路德·金的雕像在华盛顿国家广场揭幕。和华盛顿、杰弗逊、林肯和罗斯福等几位美国总统的塑像并列。马丁·路德·金的雕像是第一位非洲裔政治领袖的纪念物，其代表意义不同凡响。马丁·路德·金以和平抗争维护了《独立宣言》和《联邦宪章》的基本价值观受到美国人民的广泛推崇和爱戴。

周恩来"为中华之崛起而读书"的故事：

十二岁那年，因家里贫困，周恩来离开苏北淮阴老家，跟随

伯父到东北辽宁沈阳去读书。

伯父带他下火车时，指着一片繁华的市区告诫道："这里是外国租界地，没事不要到这里来玩耍。一旦惹出麻烦，没地方说理啊！"周恩来抬起头，露出疑惑的神情："这是为什么？"伯父深深叹了一口气，沉重地说："中华不振啊！"

周恩来一直想着伯父的话，为什么在中国这个地方，中国人却不能去？他偏要进去看个究竟、搞个明白。

很快星期天到了。周恩来约了一个好朋友，一起到租界地去了。

这里确实与其他地方大相迥异：楼房造型奇特。街上的行人中，很难看到中国人。

忽然，前面传来喧嚷声。好奇心驱使他俩跑过去看个明白。在巡警局门前，一个衣衫褴褛的妇女正在向两个穿黑制服的中国巡警哭诉。旁边还站着两个趾高气扬的洋人。他俩听了一阵就明白了：这位妇女的丈夫被洋人的汽车轧死了，中国巡警不但不扣住洋人，还说中国人妨碍了交通。周围的中国人都愤愤不平，愤怒的呼喊声一浪高过一浪。心怀正义感的周恩来拉着同学上前质问："你们是中国人，为什么不帮我们中国人？"巡警气势汹汹地说："你个小孩子懂什么！这是治外法权的规定！"说完走进巡警局，"砰"的一声重重地关上了门。

周恩来心情很沉重地从租界地回来后，常常站在窗前向租界地的方向远远地望着，沉思着。

一次，校长来给大家上课，问同学们："你们为什么读书呀？"有的同学说："为明礼而读书。"有的同学说："为做官而读书。"

也有同学说：“为父母而读书”“为挣钱而读书”，等等。当问到周恩来的时候，他清晰有力地回答：“为中华之崛起而读书！”校长震惊了，他没料到，一个十几岁的孩子，竟有这么大的志气。课堂上响起了热烈的掌声。

周恩来在沈阳读小学的三年中，学习成绩始终名列前茅。十五岁那年，周恩来以优异的成绩考进天津南开中学。那时，伯父的生活也很困难。生活虽清苦，但周恩来的学习愿望却很强烈。他在课上认真听讲，课外阅读大量书籍，知识积累越来越丰富。他的考试成绩总是全班第一。学校也宣布免去他的学杂费。他成为南开中学唯一的免费生。

“为中华之崛起努力读书！”这就是周恩来的人生目标和方向。为此他忘我地工作，无私地奉献了毕生精力，实现了中华民族的独立和发展，受到全世界人民的爱戴。

梦想能助你实现从平庸到卓越的跨越

理想是人生航程的灯塔，是我们人生奋斗的目标，指引着我们人生前进的方向，只要我们始终坚定不移地向着这个方向前进，我相信，我们终将到达成功的彼岸。理想属于我们每一个人。因此，我们应该在青少年时代就树立远大的人生目标和理想，使人生更有意义，更有价值。

魔术师刘谦的励志故事：

七岁时，他经常对台北百货公司的魔术专柜前表演的奇幻魔术流连忘返。于是他用零花钱买下了人生中第一个魔术道具——“空中来钱”，并在课堂上偷偷练习。

有一次他在课堂上偷偷练习时，一不小心让硬币滚落到了黑板下。老师很生气，没收了他口袋里的全部硬币。男孩羞红着脸：“老师，我的理想是当魔术师！”

全班同学哄堂大笑。委屈的男孩回到家，把这事告诉了父亲。没想到父亲气急败坏地跺着脚大喊：“你疯啦！”

但他瞒着父母，继续陷入对魔术世界的痴迷中，甚至在各大商店的魔术专柜前悄悄跟着魔术师表演。为此他没少受到父母的责备，同学的嘲笑，邻居的讽刺挖苦。

有一天，内向羞怯的他突然冲到讲台前大声宣布：“同学们，我的魔术师梦想就要实现啦！”同学们哄堂大笑。但他没有理会，而是开始表演神奇的货币穿盒术。同学们惊呆了，教室里响起了雷鸣般的掌声，且经久不息。他轰动了全校。

我们都见证过他玩魔术的神奇。台上一分钟，台下十年功。他为了练好一个动作，一个人在家里要不停练习上千遍。为了让自己的一双手在魔术表演中出神入化，他用瓶瓶罐罐在卧室里搞化学实验，甚至酿成了大火。幸亏消防员来得及时，房子才幸免于难。

十二岁那年，他去参加台湾地区儿童魔术大赛。在强手如林、紧张激烈的角逐中，他终于打败其他对手，脱颖而出，获得了国际魔术大师大卫·科波菲尔颁发的大奖。他把奖杯高高举起，欣

喜之情溢于言表。而他的父母惊讶地张大了嘴：“看来我们得尊重这个孩子的梦想，并帮助他去慢慢实现了。”

十六岁的时候，他有机会认识了职业魔术师徐先生。徐先生告诫他：“魔术不是闭门造车，魔术同这个世界一样，奇妙无比。你得接触自然，学会创新创造。”在徐先生的悉心指导下，他的魔术水平得到了很大的提升。

二十二岁那年，他已经是大学三年级的学生了。在父母的陪同下，他人生第一次参加了国际魔术比赛，并获得了第二名。

在台上，他举起奖杯，朝台下的父母深深地鞠了一躬。他对父母说：“爸，妈，我离梦想还远，我要夺冠军！”父母的泪水一下子流了出来。后来，他一连5次夺得世界冠军。

此后，他屡屡参加国际大赛。在征战世界各地的魔术表演大赛中，他获得了十多次国际大奖，成了享誉中外的青年魔术大师。

因为这个原因，有人称这个帅气的魔术师为现实版的哈利·波特。而这个年轻人又在中央电视台的春节联欢晚会上，和主持人董卿表演了让人叹为观止的近景魔术《魔手神采》，并获得了阵阵掌声。

这个帅气、阳光、神奇的，令全国观众最为津津乐道的年轻魔术大师就是大名鼎鼎的刘谦。

刘谦为什么能在事业上获得巨大成功呢？又是什么因素激励刘谦在实现魔术大师梦的征途上不断前进的呢？用刘谦自己的话来说就是因为儿时那个被嘲笑的梦想。正是这个梦想督促着他一点一滴地努力进取，并最终获得了“魔术大师”的称号。

人生就是一场旅行。你可以没有车马路费，可以没有锦衣玉食，也可以两手空空，但是，请务必带上你的梦想。因为有了梦想，人在无限的时空隧道里才能实现人生价值。

梦想是人生唯一乐观的支撑，能让我们每天充满激情，活力四射，使我们无比快乐地过好每一天。活力是一个神奇的包裹。带上它，你的心灵可以忍受任何困苦；打开它，你的人生可以创造无限奇迹；看着它，你会发现生命的金贵。

被嘲笑的梦想，只要坚持，就会实现从平庸到卓越的跨越。梦想，一切皆有可能。

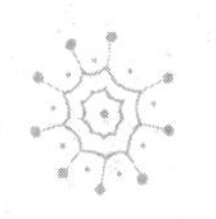

有雄心就能成就自己的梦想

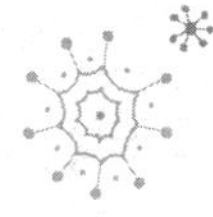

梦想是人们对未来事物有根据的、合理的想象或希望。只要我们有雄心壮志，就能实现自己的梦想。

上个世纪六十年代，一位韩国学生到剑桥大学攻读心理学硕士学位。在喝下午茶的时候，他常到剑桥大学的咖啡厅或茶座听成功人士聊天。因为有些成功人士会经常光顾这里，并聊着他们感兴趣的话题。这些成功人士包括诺贝尔奖获得者，也包括在某些领域的学术权威和经济巨头。这些人谈吐诙谐，从不抱怨，把自己事业上的成功都看得非常平常。要是其他人，恐怕早就牛皮吹破天了。

时间一长，这个韩国学生发现，在国内时，他被一些景仰的

所谓成功人士欺骗了。那些人心怀鬼胎，为了把正在创业的人逼退，普遍夸大了自己创业的艰辛成分。也就是说，他们在用自己的成功经历吓唬那些还没有取得成功的人。

思想至此，他觉得自己主修的心理学很有必要研究韩国成功人士的心态。经过一年的调查分析，终于在1970年，他完成了毕业论文《成功并不像你想象的那么难》，并提交给了自己的导师威尔布雷登教授。布雷登教授是现代经济心理学的创始人，阅读后大为惊喜，他认为这是个创新性的问题，虽然这种现象在世界各地普遍存在，但到目前为止，还没有人大胆地提出来并加以分析研究。威尔布雷登教授惊喜之余，亲自动笔写信给他的剑桥校友——当时正任韩国总统的朴正熙。他在信中对校友说道："我不敢说这本书会对你产生多大的帮助，但我敢相信它比你的任何一条命令都能产生震撼力。"

后来这本书果然伴随着韩国的经济腾飞而畅销全球了。这本书非常励志，鼓舞了许多人，因为这本书从一个新的角度告诉人们，成功与"劳其筋骨，饿其体肤""三更灯火五更鸡""头悬梁，锥刺股"之间真的没有必然的联系。只要你认为这个项目具备了成功的条件，而你也为之努力，持之以恒，成功就会离你更进一步。后来，这位青年成了韩国泛亚汽车公司的董事长。

这个故事告诉我们，人生中的许多事，只要想做，而且你不会偷懒，就都能做到。至于人生中的挫折和该克服的困难，基本都能克服。根本用不着什么钢铁般的意志，更用不着什么技巧或谋略。只要一个人朴实而饶有兴趣地生活着，他终究会发现，上

帝对世事的安排都是水到渠成的。

妈妈很喜欢我，用纸给我做过一条长龙。这条纸做的长龙肚子里的空隙只能装下几只蝗虫。妈妈把几只蝗虫放了进去。果然，没多久，它们都死在里面了！妈妈告诉我："蝗虫脾气急躁，除了不停挣扎，它们从没开动脑筋去咬破长龙，也不尝试一直向前可以从另一头爬出来。尽管蝗虫拥有铁钳般的嘴壳和锯齿一般的大腿，但不起任何作用。但是青虫就很聪明。"妈妈把几只同样大小的青虫从纸做的龙嘴放进去，然后关上龙头。奇迹出现了：没一会儿，小青虫们就一一地从龙尾爬了出来！

实验告诉我们，其实命运就在我们的思想里。之所以许多人走不出人生的阴影，是因为他们没有将思想阴影的纸龙咬破，也没有耐心仔细寻找一个方向，而是天真地以为自己不行。这种观念真是可悲。

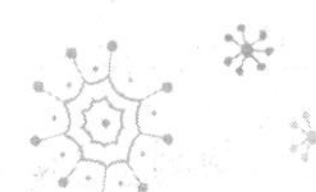

梦想是要努力实现的

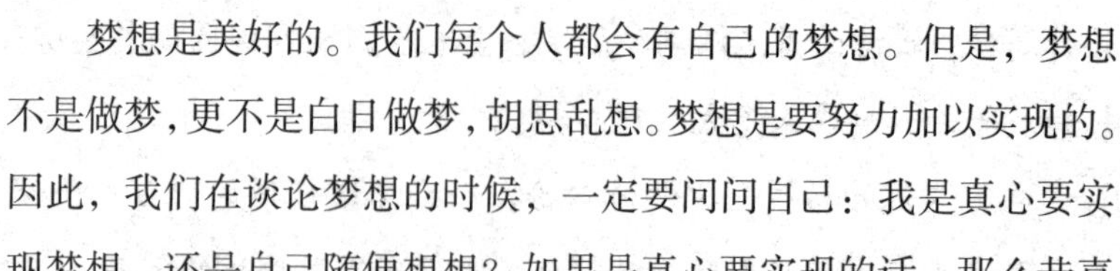

梦想是美好的。我们每个人都会有自己的梦想。但是，梦想不是做梦，更不是白日做梦，胡思乱想。梦想是要努力加以实现的。因此，我们在谈论梦想的时候，一定要问问自己：我是真心要实现梦想，还是自己随便想想？如果是真心要实现的话，那么恭喜你，你已经得到了一个千载难逢的机会，一个改变自己，推动自

己实现终身理想的机会。接下来你要做的，便是努力实现了。

梦想停留在心里，蜷缩在我们的心灵深处，那就是幻想。而幻想，短时间内是不可能得到实现的。但它会告诉我们：不实现的只能是幻想，实现的才是梦想。

难道不是这个道理吗？只有行动起来，我们才能够建起自己心中的宏图大厦；没有行动，一切都是水中月、镜中花。

小男孩的梦想是当一名作家。他非常喜欢写作，可是语文课成绩却很糟糕，因为他觉得句法既复杂，又枯燥，所以他非常讨厌冗长的作文训练。因此，语文老师并不看好他的想象作文。

尽管他十分不喜欢，但是小男孩从未改变过自己的梦想，他对语文课的态度也没有变，直到他遇到了一位叫弗里格的先生。弗里格先生担任他的语文教师。一天，弗里格先生发给学生们一张家庭作业表，上面列满了很多想象的作文题目，要大家任选一个写一篇作文。

小男孩发现这个老师很有意思，于是他开始选择题目。他看了几行，都觉得索然无味，一点写作的欲望也没有。忽然，他的目光停留在了“吃意大利通心粉的艺术”这个标题上，顿时，深刻的记忆便从他的脑海中倾泻而出：一个非常温馨的夜晚，窗外圆月高挂，皎洁的月光洒满了庭院，全家人围坐在圆圆的餐桌旁，静静地等着姑姑端来意大利通心粉。

虽然这是姑姑第一次做通心粉，而且味道怪怪的，可是全家人吃得津津有味，其乐融融，整个屋子里充满了快乐的笑声。

男孩以他自己喜欢的方式立即把它写了下来，几乎是一气呵

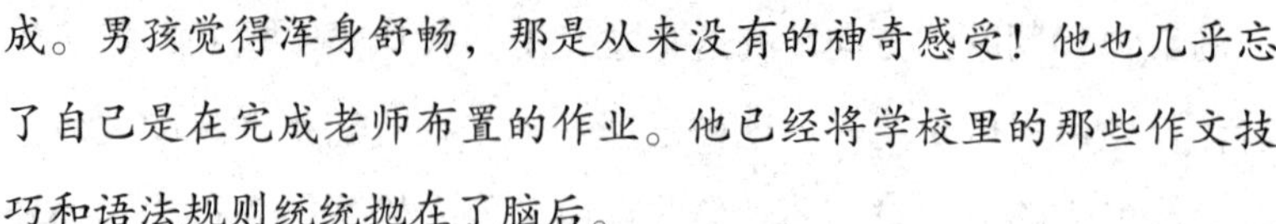

成。男孩觉得浑身舒畅，那是从来没有的神奇感受！他也几乎忘了自己是在完成老师布置的作业。他已经将学校里的那些作文技巧和语法规则统统抛在了脑后。

作文交上去之后，男孩并不期待老师的表扬，因为这种事从来都不会发生在自己身上。可出乎意料的是，他的文章竟被老师当作范文在全班同学面前朗读，而且同学们也都在认真地听着，教室里只有老师浑厚好听的声音在回荡。老师读完后，同学们不约而同地发出了激烈的掌声。

男孩长大了，在一家地方报当上了记者。后又受聘于《纽约时报》，成为著名专栏作家。

他就是罗素·贝克，两次普利策新闻奖的得主。他的理想真的实现了。

每个人的心中都有一个美丽的梦想，可是我们总是不好意思说出来。罗素·贝克坚守着自己最初的梦想，并且全心全意地做一件事，最终获得了成功。

既然有梦想，那就努力去实现它

梦想是对未来的一种期望，指在现在想未来的事或是可以达到，但必须努力才可以达到的情况，梦想就是一种让你感到坚持就是幸福的东西，甚至可以视其为一种信仰。

爱因斯坦曾说过，每个人都有一定的理想，这种理想决定着

他的努力和判断的方向。在这个意义上，我从来不把安逸和快乐看作是生活目的本身——这种伦理基础，我叫它猪栏式的理想。照亮我的道路，并且不断地给我新的勇气去愉快地正视生活的理想，是善、美和真。

有一个小男孩，他出生在一个贫穷的家庭。可他从小就有一个梦想，那就是做一位音乐家。然而，当时音乐是有钱有势高雅家庭的孩子才能有机会学习的才艺。因为学习音乐需要大笔经费，这是他们这种贫困家庭无法承担的。那一架昂贵的钢琴就会让他的梦想就此止步。

男孩并没有放弃，仍然沉迷于音乐。他自己动手，模拟钢琴键盘，用纸板制作了一个黑白钢琴键盘，然后在上面练习贝多芬的《命运交响曲》。虽然听不到钢琴发出的美妙声音，但小男孩依然非常用心地弹着。

更让人难以想象的是，男孩的十指都磨破了，而且开始自己作曲。时间一长，居然有人开始愿意出钱购买了。

终于，男孩用挣来的钱买回了一架二手钢琴。尽管钢琴非常破旧，而且常常跑调，但男孩却欣喜若狂。他自己动手修整、调音，沉醉在自己的音乐世界里。父母看着痴迷的孩子，很是不理解。

那一年，他还不到二十岁，然而，他已经开始在德国和世界的乐坛上腾飞了，并在第67届奥斯卡颁奖大会上，以动画片《狮子王》主题曲荣获最佳音乐奖。他的名字叫作汉斯·齐默尔，一位自学成才的音乐大师。

人生是永不停息的，毕生都在追求中。我们只要有真正的梦想，即使生活穷困潦倒，也会像齐默尔那样弹响自己的人生乐章。

机械加工行业看重技术和经验。中国航天科工三院159厂数控铣工贺潇强是一个从山里娃成长为全国数控技能大赛冠军的优秀产业工人。

贺潇强出生于1991年，个子不高，圆圆的脸。“他干五轴才几年啊，竟然得了大奖！”大家有点不太相信。确实，刚刚毕业的贺潇强到五轴加工中心工作前压根儿就没摸过五轴设备。没想到靠着不服输的韧劲，他勤学苦练，获得了北京市职业技能大赛数控组第二名。

“他这个人很有主见，有时脾气特别倔。”他的师傅笑容满面地这样评价他。

比如有一次，在某异形零件装夹工装的设计上，贺潇强和师傅意见不一致。师傅认为工装不够牢固，加工出来的零件会“兜刀”，将导致零件壁厚不均匀。贺潇强却认为切削余量小，切削力不大。在他的一再坚持下，师傅“妥协”了。实践证明贺潇强的方案是正确的。

这个年轻人在创新思考和认真实践的基础上，坚持自己的观点，使大家心服口服。在全国数控技能大赛复赛失利的情况下，他依旧彻夜不停地练习操作和编程。在大赛再一次进行选拔时，贺潇强跨入了国家比赛的门槛，实现了他的梦想。

不怕困难、勇往直前是他的典型特征。贺潇强身上有一股农村人特有的质朴。有一次，厂里接到紧急订单，已经赶到汽车站

的贺潇强马上退掉春运车票匆匆赶回厂里。90后的贺潇强凭借刻苦勤奋的工作态度赢得了大家的尊重。但贺潇强认为，自己只是怀揣一颗匠心，才实现了自己的梦想。

很多人都有自己的梦想。但是有些人是口头的巨人，行动的矮子。这些人一天到晚吐沫横飞，口若悬河，牛皮吹破天，沉浸在空想的意淫之中，但就是没有付诸实践的行动。我认为，没有行动就是在做白日梦。

临渊羡鱼，不如退而结网

世界上有空想家和实干家两种人。他们都梦想着成功，但是前一种人整天在脑海里胡思乱想，却从不付诸行动；而后一种人则会用行动去实现自己的梦想。世界上的成功没有捷径可走。不经历风雨，怎能见彩虹呢？

但并不是经历了小的风雨就会成功，成功可不是随随便便就能实现的。有些人虽然渴望着成功，但是在行动上拖拖拉拉，或者雷声大雨点小，就是不愿意多付出；而有的人平日里言语不多，却是积极实干，他们用勤劳、奋斗来打破梦想和成功之间的障碍。临渊羡鱼，远不如退而结网。

茅以升是我国建造桥梁的专家。小时候，他家住在古城南京。离他家不远有条河，叫秦淮河，是南京著名的旅游地点。每年端

午节的时候，南京当地都要在美丽的秦淮河上举行划龙舟比赛。

这一天，秦淮河两岸彩旗招展，人山人海。河面上的龙舟都披红挂绿，船上岸上锣鼓喧天、鞭炮齐鸣、热闹非凡，这实在让人兴奋不已。

茅以升跟所有的小伙伴一样，本盼望着每年端午节的龙舟比赛。很不巧的是，这一年茅以升病倒了。茅以升一个人孤零零地躺在床上，只盼望去看龙舟比赛的小伙伴早点回来，把最好玩的情景说给他听。

茅以升盼啊盼，直到傍晚，好不容易才把小伙伴们盼回来。看到他们，茅以升连忙坐起来，说："快给我讲讲，今天热闹不热闹？"谁知小伙伴们都低着头，老半天才吭了一声："茅以升，秦淮河出大事了！"

"啊？出了什么事？"茅以升大吃了一惊，连连问道。

"看热闹的人太多啊，把河上的那座桥压塌了，好多人掉进了河里！"小伙伴们抽泣着说道。

茅以升非常难过，他仿佛看到很多看龙舟比赛的人纷纷落水，男的女的、老的小的，哭声喊声响成一片。

茅以升陷入了沉思。

病好了，茅以升独自跑到秦淮河边，静静地坐在冰冷的堤岸石头上，默默地看着断桥发呆。他想：我长大后一定要当桥梁专家，为老百姓造结结实实，永远不会倒塌的大桥！

有了这个梦想以后，茅以升处处留心各式各样的桥，平的、拱的、木板的、石头的、水泥的、竹子的，他都不落下。而且，他出门的时候无论遇到哪种类型的桥，他都要上下前后仔细观察，

思考分析，记在脑子里，回到家后就把看到的桥画下来。

除此而外，他在读书看报的时候，遇到有关桥梁的资料，也都细心收集起来，装订成册进行收藏，便于研究。天长日久，他积累了关于桥梁极其丰富的知识，成为桥梁建设方面的杰出人才。

由于他勤奋学习，刻苦钻研，虚心好学，经过长期不懈地努力，终于实现了自己的梦想，成为国内外建造桥梁的顶尖专家。

幸福是奋斗出来的。没有行动，再伟大的梦想也是永远不能实现的空想。

人生匆匆，人到底为了什么而活着？

这个问题是个世界性话题。保尔·柯察金说过：“人的一生应该这样度过：当他回首往事，不因虚度年华而悔恨，也不因碌碌无为而羞耻；这样在他临死的时候，他就能够说：我已经把我的整个生命和全部的精力都献给了世界上最壮丽的事业——为人类的解放而斗争。”这段名言振聋发聩，教育了一代又一代青年人。

活着，要更有意义地活着

在中国四川大地上有这样一群人。他们有一句最深情的誓言，叫“平安四川”。这群人工作恪尽职守，无私奉献，为平安四川做出了巨大的贡献。

徐兴是一名身患癌症的人民警察。除了很瘦，我们几乎看不出 34 岁的他有任何颓废、病快的迹象。他精神很好，和我们聊起天来也是很尽兴致。

目前徐兴在四川凉山冕宁县公安局治安大队一线任职。由于基层工作经验丰富，现在的徐兴主要负责该县户政审核方面的事宜。虽说朝九晚五，但公安工作加班加点却是常态。

徐兴得了淋巴癌。这种癌症快的话，人不会活过一个月。但是徐兴已经快十年了。这十年，他曾消极过，也曾悲观过，但是他更愿意把有限的时光都投入到这有意义的繁杂琐碎，但却关系到老百姓基本生活的户政民生工作中。

此前，徐兴了解到冕宁县沙坝镇老鸦村孤寡老人李某因历史原因一直没有户口的事情。村里准备为其申请低保，但是因为李某没有户口，只好作罢。

徐兴主动找李某询问，并积极与李某的老家喜德县冕山派出所联系，及时完善了各类材料手续，并按程序为其办理了户籍补录手续，使得李某领到了最低生活保障。现在李某最低生活能够得到保障，他非常开心。

公安警察的工作时常紧张，但徐兴从不以此为借口替自己争取特殊好处。据该县公安局治安大队胡正祥大队长回忆，有次遇上下乡追捕逃犯的紧急案件。徐兴二话不说冲在前头，一点也看不出徐兴的异样，直到追捕成功，在他们回去的路上，徐兴才悄悄告诉大队长。徐兴工作太敬业了，所有小事他都会竭尽全力去做到最好，令人非常感动。

据了解，徐兴主动承担了大队所有案子的主办工作。仅 2012

年内就主办了一系列刑事案件和行政案件。另外，徐兴还主动参与各种安全检查、信息传输和警卫保卫等工作。

有人对他说，队里还有那么多人，身体都比你好，事情层出不穷，你干得完吗？你这么辛苦干什么？

徐兴嘿嘿一笑：“我年轻多干点没啥！不忍心让老同志劳累！”由于任务繁重，徐兴常常忘记了自己是个癌症病人，把医生三个月定期复查的忠告不放在心上，拖延到每隔一年甚至更长时间才复查一次。

徐兴要求自己像普通人一样活着，如果一定要有什么不同，那就是要更加有意义地活着。徐兴告诉记者，自己经常琢磨的就是如何更加科学、规范和人性地做好户籍工作，让群众满意。也许，这就是他活着的巨大意义吧。

张海迪的故事

五岁前的张海迪有一个幸福的童年，快乐而活泼，成天蹦蹦跳跳地跑来跑去。

可惜在六岁时，她突然得病了。患的是可怕的脊髓血管瘤，5年中做了3次大手术，脊椎板被摘去6块，最后高位截瘫。这样，原来天真活泼的张海迪只能整天卧在床上。

看着伙伴们高高兴兴地一起跳皮筋，高高兴兴地一起背着书包上学校，张海迪的心都碎了。

一天，张海迪终于按捺不住心中的渴望，就对妈妈说：“妈妈，我要上学！”但病情却是无情的，每当病痛折磨她时，张海迪就猛揪自己的头发，她揪下来的头发，都能编成一条辫子了。她忍

受了多么大的痛苦啊！在所有功课中，张海迪最喜欢学习语文，在十岁时候就能读长篇小说了，她很喜欢读《卓娅与舒拉的故事》。

除了语文，张海迪对别的功课也非常用心。在整个童年，她以顽强的意志始终用心对待每一个字、每一行句子，自学了小学、中学的全部课程，实现了轮椅上的梦。用张海迪自己的话说，她没有愧对自己的童年，也没有愧对那些美好的光阴。

1970 年 4 月，张海迪跟着父母，坐着一辆大卡车，来到山东莘县十八里铺尚楼村，开始了上山下乡的农村生活。

刚到莘县那天，天空很晴朗，天上的白云像大棉花一样。不久，一群十一二岁的孩子们跑过来，围到张海迪身边，抢着问道："张海迪姐姐，你是城里来的吧？你的脸怎么这么白啊！你的腿怎么了？"望着孩子们的笑脸，张海迪笑着把自己的故事讲给他们听。

为了回报乡亲们朴素的爱，张海迪开始在昏暗的油灯下学习一本本医学书，还让父亲给她买来体温计、听诊器和针灸用的银针为乡亲们治病。在这段时间，张海迪为群众治病达一万多人次。

由于经常依靠在轮椅上给人看病，张海迪的肋间神经总会感到剧烈的疼痛，脊椎甚至弯曲成了 S 型，但是，为了回报乡亲们的爱，张海迪默默坚持着。

1983年起，张海迪开始从事文学创作，先后翻译了《海边诊所》《小米勒旅行记》和《丽贝卡在新学校》等英文作品，创作了《生命的追问》《轮椅上的梦》《绝顶》等作品，其中，《轮椅上的梦》已在日本和韩国出版。

十年后，张海迪还获得了吉林大学哲学硕士学位。从此她的事迹传向世界。

张海迪在轮椅上度过了漫长的44年，她从未被病痛所打倒，始终艰难地向上着，绝不放弃每一分钟的努力，也没有白白度过生命的每一程，让迷失在现实生活中的人们懂得生命的真正意义。

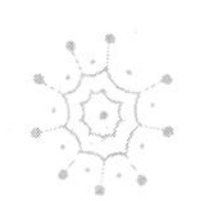

人生在世，总得做点什么贡献

徐本禹的励志故事

1999年8月，怀着对期盼已久的大学生活的向往，徐本禹风尘仆仆地来到了武汉。

“别人给我一口饭，我要还别人一碗肉！”他怀着感恩之心，接受着好心人的帮助，也传递着这份质朴的爱心。大学期间，徐本禹吃饭基本上都只买素菜。同学胡源总是不声不响地把自己碗里的肉拨给他一些。大一冬天，胡源的爸爸妈妈看望儿子时，把本来带给儿子的两件衣服给了只穿一件单薄衣衫的徐本禹。

刚入大学就担任生活委员的徐本禹，帮整个经贸学院发送信件，拿着垃圾篓和铁夹子去学校的草坪上捡垃圾，在教室里扫地拖地。他端过盘子，做过家教，参加过勤工助学，他将自己挣来的钱捐给山东费县的小学生孙珊珊，捐给小学同学景玉春，捐给湖北沙市的学生许星星。徐本禹在大学究竟帮助过多少人，连最了解他的老师和同学都说不清。

回忆起自己的大学时光，徐本禹感叹说：“每次把钱捐出去以后，心里特别高兴，因为这是一件有意义的事情。”人生的路

有很多种走法，每个人都有自己的选择权。无论选择怎样的路，都要带着爱与善良，心怀感恩，一路前行。

2002年的暑期，徐本禹和同学刘圣鹏、向华、陈兴杰等四人带着募捐来的三箱衣服、100多本书去狗吊岩当支教志愿者。岩洞里艰苦的学习条件让徐本禹震惊了。二十多天后，离开狗吊岩的那天，为民小学的孩子们拿着自制的小红旗簇拥在他们身旁，把煮熟的鸡蛋塞进他们的背包，一直把徐本禹他们送到了十几里外。同学们都哭得很伤心，希望他能再回来。徐本禹大声告诉他们："明年我毕业了一定回来教你们！"

2003年4月，徐本禹以总分372分，专业第二名的好成绩考上了本校农业经济管理专业硕士研究生。他决定去贵州支教。学校决定为他保留研究生入学资格，并向他提供支教期间必要的经济帮助。

来贵州之后，徐本禹每天都要吃辣椒，这使他感到很难受，有一种想吐的感觉。加上每天都要吃玉米碴子饭，喝酸汤，他的胃很难消化，没过多久就得了胃病。其实，对农村长大的徐本禹来说，这里最可怕的不是吃饭的问题，而是无尽的孤独与寂寞。

在狗吊岩，他每天都想念家人、同学和老师。他曾经两次睡梦中醒来，泪水打湿了枕巾。他的同学有的已经工作了，有的在读研究生，他们在信中讲述着自己的美好生活，徐本禹每每看到这些信，都热泪盈眶。有一天，徐本禹走了18公里山路，跑到猫场镇上去给妈妈打长途电话。

他对母亲说这里一切都好，不用担心。母亲问："村里人在杂志上看到你了，说你去的贵州那里没有电，吃的都是玉米面，

是真的吗？”徐本禹忙说：“不用担心我，我都好。”就匆匆忙忙把电话挂了。挂完电话，他蹲坐地上号啕大哭……

支教工作远比徐本禹想象得困难。岩洞里的教室非常昏暗。徐本禹除了教语文、数学外，还要教英语、体育、音乐等。这里的学生基础很差，认知能力较差，有时一个简单的问题讲了一二十遍，他们还是不懂。

更让他焦心的是，孩子们随时可能辍学回家割草，养猪，放羊，放牛等。因此每到周末，他就要挨家挨户家访，去动员那些旷课和辍学的孩子回到课堂上。

2004 年，徐本禹来到条件更加艰苦的大石小学开始了支教生活。

这里没有邮局，只能步行到 5 公里外的沙厂乡邮局去取信件。有一次徐本禹在乡政府办公室给学生们打印试卷，一直忙到凌晨 4 点多。天亮后，在回大石小学的路上，疲惫的他竟一边走路，一边打起瞌睡来。事后想想都后怕，要是一脚踏空就会掉下万丈深渊，粉身碎骨了。

工作之余，志愿服务成了徐本禹最好的生活主旋律。他经常带着“本禹志愿服务队”到福利院、盲校开展各种帮扶关爱活动。在敬老院，服务队员们给老人打扫卫生，陪老人聊天，为老人们演出，受到了敬老院老人们的热情欢迎。在盲人学校，他们听着孩子们用心唱出的优美歌声，内心仿佛都宁静了许多。这是心灵的放松，心灵得到一种纯粹的感动。他们由衷地感到了一种用语言难以表达的幸福感。

如果眼泪是一种财富，徐本禹就是一个富有的人。徐本禹的支教经历和感受让我们泪流满面。徐本禹从繁华的中部大都市走进莽莽无涯的大山深处，用年轻人稚嫩的肩膀扛起了倾颓的教室，扛住了贫穷和孤独，扛起了本不完全属于他的责任，让光亮照进了每一个孩子的心房。

也许一个人的力量还很微弱，不足以点亮世界上每一个黑暗的角落，但大学生徐本禹点亮了一支火把。这火把刺痛了整天忙忙碌碌的我们的眼睛。而徐本禹和他的爱心接力永远在路上。

徐本禹身上体现了当代大学生乐观向上、艰苦奋斗、自强不息的宝贵品质和顽强毅力。徐本禹面对物质上的贫困，始终保持自强不息的精神状态和艰苦奋斗的作风，从不抱怨，从不消沉，依靠自己的奋斗去战胜一个又一个困难，对于提高我们每一位大学生来说都具有积极的意义。

“我愿做一滴水，当爱的阳光照射到我身上的时候，我愿意毫无保留地再反射给别人！”这是话剧《牵挂》主人公张福禹的台词。这也是徐本禹的人生观、价值观的生动写照。

每个人来到这个世界都只有一次。这短暂的一次生命怎样才能过得有意义？我以为我们首先要尊重生命，热爱生命，而不是轻易糟蹋生命，践踏生命，然后付诸行动，播撒爱心，使我们的生命更加深刻，这样临死的时候，我们才会无怨无悔。

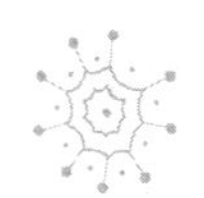

尝试就是积极进取最好的证明

尼采说过：“每个年轻的心灵日日夜夜都听见这个呼唤，并且为之战栗。这就是勇气的涌动。”

公司招聘新人，有三个大学生前来应聘。老板对第一个大学生说，走廊里有扇玻璃窗，请你一拳把它击碎。大学生执行了老板的命令，所幸那不是一块真玻璃，不然他的手就会鲜血淋漓。老板问了几句话之后，挥手让他下去了。

老板又对第二个大学生说，这里有一桶脏水，你把它泼到清洁工头上去。那个清洁工现在正在楼道拐角处那个小屋子里休息。你不要吭声，推开门直接把脏水泼到她身上就算完成任务。这位大学生提着脏水走到那间小屋门前，推开门，果然有一位女清洁工坐在那里。他什么话也没说，直接把一桶脏水泼在了她头上！还没等到清洁工嚷嚷，他赶紧转身往回走向老板交差。老板笑眯眯地对他说，坐在那里的清洁工只是一个逼真的蜡像而已。大学生面红耳赤，为自己的鲁莽羞愧得低下了头。老板也是问了几个问题后，就挥挥手让他下去了。

老板又对第三个大学生说，办公室里有个人我看他不顺眼已经很久了，你帮我去狠狠地揍他一顿，为我出口气。这位大学生立即正色说道，老板，实在对不起，这种事情我真的做不来，因为我没有理由去揍他，即便有理由，我也不能揍人家，因为对别

人造成伤害是违法的。我宁可不被您录用，我也不会执行这样的命令。所有人都替这个大学生捏了一把汗。这个大学生真是太狂妄了。

就在大家议论纷纷的时候，老板郑重宣布，第三位大学生将被聘用，并要求人事处和这位大学生签订合同。为什么要录用他呢？大家感到疑惑不解：难道顶撞老板是正确的吗？那当然不是哦！老板说了，第三个大学生是一个勇敢而有理性的人。这个大学生有勇气不执行老板的荒唐命令，而其他人的荒唐命令就更不应该执行了。

任何事情都是有原因的。胆小怕事、扭扭捏捏、谨小慎微的人对社会充满了恐惧，怕做决策，害怕失败，害怕流言蜚语，害怕承担后果，肯定是成不了气候的。因为他们缺乏的绝不是学历、知识，而是一种积极进取的人生态度和挑战自我的果敢。

卧薪尝胆的故事

吴王阖闾打败了强大的楚国，成了南方霸主。吴国越国向来有仇。公元前 496 年，越国国王勾践即位。吴王发兵攻打刚刚遭到丧事的越国。尽管出师无名，但吴王阖闾满以为稳操胜券，没想到吃了个败仗，自己也受了箭伤，再加上年事已高，回到吴国没多久，就一命呜呼了。

吴王阖闾死后，他的儿子夫差即位。阖闾临死时对夫差说：“儿啊，不要忘记为我报仇雪恨。”

夫差记住父亲的嘱咐，让人经常提醒他。他每次经过宫门，

下属就扯开嗓子大喊：“夫差，难道你忘了替父报仇吗？”

夫差泪流满面地说：“从来不敢忘。”他叫伍子胥和伯嚭操练军队，准备攻打越国。两年后，吴王夫差亲率大军直扑越国。

越国有两个能力超强的大夫，一个叫文种，一个叫范蠡。范蠡得知消息后，立刻对勾践说：“吴国练兵快三年了。这回来势凶猛，报仇心切，我看不如守城，避其锋芒。”

勾践不同意，也派大军去跟吴国军队决一死战，结果越军大败而逃。吴国军队紧紧追赶，在会稽一带将越王勾践及五千残兵败将围得水泄不通。勾践束手无策，非常苦恼地对范蠡说：“真懊悔当初没有听你的话，弄到这步田地。你说下一步该怎么办？”

范蠡安慰说：“到了这个地步了，求和是唯一的出路。”勾践只好派文种到吴王营里去求和。文种在夫差面前把勾践愿意投降的意思表达了出来。年轻的吴王夫差打算同意，可是伍子胥坚决不赞成。

文种回去后，苦苦思索对策，他打听到吴国的伯嚭贪财好色，就投其所好，把一批美女和珍宝私下送给伯嚭，并请伯嚭在夫差面前讲好话，同意勾践求和。吃人家的嘴短，拿人家的手短，伯嚭在夫差面前一番劝说，吴王答应了越国的求和，但是要勾践亲自到吴国当人质。

文种回去向勾践汇报了情况。勾践立即做出决定，把国家大事托付给文种，自己带着夫人和范蠡到吴国去。

到了吴国，情况果然远超勾践的意料。吴王夫差让他们夫妇俩住在父亲阖闾坟墓旁边的一间石屋里守墓，并给他喂马。范蠡

跟着勾践当奴仆。夫差每次乘车外出，勾践就得为他拉马。勾践非常顺从。经过两年的考验，夫差认为勾践真心归顺了他，就放勾践回国了。

勾践回到越国后，立志报仇雪耻。他担心生活的舒适会消磨了勇敢之心，就在屋里挂了一个苦的猪胆，每次吃饭前，就先舔舔苦味，还问自己："勾践，你忘了会稽的耻辱吗？"他还命人把柔软的席子撤去，用枯草柴草当作被褥，以此来不断激励自己的雄心壮志。勾践决定要让越国强大起来，就亲自参加农田耕种，让夫人带头织布鼓励生产。他又制定出奖励生育的制度，鼓励老百姓多多生育，培养勇士。他还让文种管理政务，叫范蠡训练军队，自己虚心纳谏，关心老百姓的生活。全国的老百姓斗志昂扬，群情激动，都在为这个受欺压的国家改变成为强国而努力工作。勾践最终打败了吴国。这就是后来人传诵的"卧薪尝胆"。

这个故事告诉我们，即使遭遇失败，那也没什么。只要有勇敢的心，就有成功之日。

时间面前，几乎没有什么永垂不朽

人的一生有无数经历。一个经历结束了，另一个故事马上开始。

过去的事情虽然难以忘记，却随着时间的不断流逝而尘封海

底，或许有一天偶尔会再翻起。痛，是因为这段感情刻骨铭心，但它只不过是时间的一个组成部分罢了。

你还会经历更多的事情。真正疗伤的药其实就是自己。这就得看你如何看待自己的未来。“山重水复疑无路，柳暗花明又一村。”办法总比困难多，人总会有出路。这个世界每天都会有新的事情发生，新的人出现。所以，怀着一个美好的期望，勇敢面对未来吧。

夏日早晨，天气有点阴，我准备去东湖公园游泳。此时也许别有一番滋味吧。

当我在水里自由自在地游泳时，充满阴霾的天空划出一道又一道闪电，紧跟着就听到远处传来“轰隆隆”的阵阵雷声。我心里紧张，因为雷电若击在水面上，水能够导电，在湖水里游泳的人就会有被雷击着的生命危险，所以必须尽快上岸。想到这里，我的四肢也开始不协调了，只游了两个来回，就三划两刨地上了岸。

此时雷鸣电闪，豆大的雨点砸了下来。尽管我出门时，妻子让我带上雨伞。但是我还是愿意在雨中漫步。

尽管我不怕死，但无谓的牺牲也是不必要的。

我想到人这一辈子如果能够把死都看得很淡，那么对其他一切东西才会不放在心上。

能够看淡生命，才能看淡世间的一切，因为人的身体、家庭、金钱、权利、名誉等都是围绕着生命而存在的。如果生命消亡了，

其他的一切烦恼，都会随之消亡。

死是人生的必修课，只是生命的长短不同而已。所以没有必要害怕自己的生命结束，而应当勇敢地、乐观地去面对生活中死神的降临，视死如饴。

当然，不怕死不是一定去找死，更不是自杀，而是面对不公时要放宽心态，心中有大格局，更好地重视身体健康，这本身并不冲突。越是不怕死的人，越知道健康长寿是人生的最大需要。看淡生命是为了看淡围绕生命所存在的一切功名利禄、苦恼纷争，而不是放弃生命，目的就是让生命更有质量，让生活更加幸福。

有一阵子，老同学经常在朋友圈发布她的苦诉与烦恼，来释放心中那无端的烦闷。

信息是这样的："当你一直把她当好友时，突然发现她早就把你删除了，可是我们还在一个群里，作为被莫名其妙删除的你，会怎么想呢？求正解！"

这个问题很简单，对别人的想法和做法不要太在意，社会没规定她必须和你是朋友，你也没有权力指挥他人为你做任何事，更没有必要给自己找麻烦。所以我回了一条短信给她："在职场上没有朋友很正常，有朋友就是惊喜，没朋友是本质，我们不能让所有人都赞同自己，志不同道不合，道不合则不相为谋。你把她当朋友，可对方不这么想。建议你调整好心态，做好自己，当什么事都没有发生，还像往常一样嘻嘻哈哈，总有一天，她会重新了解你，认识和以前不同的你。"

消息发出后，她很快回复了：“你说的很对，可我真的没心情再跟她联系了。过一段时间再说吧。”是啊！这种事情放到谁的身上，一段时间都无法适应，甚至从此成为毫不相干的路人也是可能的。

我也有相同的经历，就因经历过，所以从中有些感触：此事是帮另外朋友打听些事，因工作性质找到了他，但怎么也没有想过我会被他“关在门外”，我并没有讯问和责怪，他的行为没有必要向我解释。而是装什么都不知道。就这样已完美解决，不但没有伤到我们的同学情，他还重新加入了我。

我曾经看过日本的一段小视频。视频里同学们在聊天，追逐打闹，热闹无比。这时一位教授走进来，不声不响地把一个玻璃瓶放在讲台上，然后他把一颗绿白相间的高尔夫球放进瓶子里，问同学们：“瓶子装满了没？”同学们七嘴八舌地回答：“满了。”

老师又把沙子倒入玻璃瓶，接着问道：“同学们，瓶子装满了吗？”

同学们异口同声回答道：“满了。”这时台下有同学发出不怀好意的嘲笑声，可教授继续倒入啤酒，他说：“同学们，现在我们把这个瓶子想象成自己的人生，高尔夫球代表着重要的事情，包括你的家庭、健康和热情；沙子代表着其他一些小事。从刚才的试验大家可以看到，如果先把沙子倒进瓶子，那么瓶子里就没有空间放高尔夫球了，对不对？人生也是一样，如果你把所有的时间与精力都耗在小事身上，你就没有时间去处理真正重要的事情，如那些能让你真正感到高兴的事；啤酒代表不管你的生活有多紧凑，仍然有空与朋友相得其乐。”同学们报以热烈的掌声。

因此，我们真的没必要把心思放在删不删除的小事上，也没必要为工作中的不开心而自寻烦恼。这些放不上台面的事情，在伟大的时间面前，只是你一生中小小的“芝麻”而已。因为时间无所不能，足以带走世间的一切，甚至整个地球。所以我们要考虑的最重要的事情就是你面对他时用什么心态去沟通和交流，工作上以什么方式去接触。我认为朋友之间的好坏是自己思考的结果。别要求对方做太多事，只要诚心交往即可。如果有人不愿意交往，或者怀着不可告人的目的，那就另当别论了。

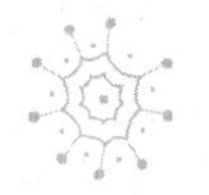

不要抱怨，努力活出样子来

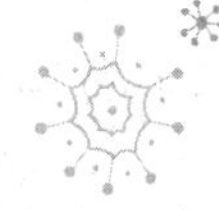

有一篇文章写得非常感人，故事是这样的：

1970 年，约翰·库缇斯出生在澳大利亚一家医院。看到小约翰，父母的心立刻揪了起来，这个小家伙长得太可怜了——身体只有可乐罐那么大，腿是畸形的，而且没有肛门，他奄奄一息躺地在观察室内。医生告诉他们，他们的孩子不会活过一周，让他们做好思想准备。但这个弱小的生命似乎很顽强，他坚强地活了一周又一周。

由于他太小了，周围的一切对他来说都是庞然大物。小约翰为此非常胆怯，对任何比自己大的东西都怀有恐惧心理，尤其是

家里那只狗，在他眼里就像怪兽一样。父亲看到这一切，认为要想让小约翰健康长大，就得先培养他的胆量，毕竟，他的人生才刚刚开始，以后要面对的东西太多了。

“你是一个男子汉，要勇敢起来，独自面对一切恐惧。”一天，父亲把小约翰叫到身边严肃地说。随后，父亲把小约翰和那条狗一起关到了后院。

父亲一离开，后院就传出小约翰撕心裂肺的哭声，同时还伴着狗的叫声。父亲的心虽然提到了嗓子眼儿，但坚持着没去后院看小约翰。后来，附近的邻居听到哭喊声报了警。等警察和父亲一起走到后院的时候，大家惊奇地发现，小约翰正骑在那条狗背上玩得正欢。

小约翰终于战胜了那条狗。

后来，约翰·库缇斯在回忆怎么战胜那条狗时说，当那条狗向我扑来的时候，我抓住狗的尾巴，用手指使劲捅它的尾巴，就这样把它制服了。

“如果你觉得恐惧，那么你就要学会战胜它！”这是父亲给小约翰上的第一节人生课。

到了上学的年纪，父亲第一次把他送到学校门口，郑重地告诉他：从现在起，你要独自面对生活，父母以后不能时时陪在你身边了。当约翰背上比他个头还大的书包，坐在轮椅上憧憬美好的生活时，他不知道这时一连串的噩梦正等着他。

学校里有很多调皮捣蛋的学生，他们还小，不懂得尊重别人，与众不同的小约翰成了他们戏弄的对象。他们拆掉约翰的轮椅

上的刹车，甚至把它绑在吊扇的风叶上，随风扇一起转动。有一次，几个调皮的同学绑住他的双手，用胶带封住他的嘴，把他丢进垃圾箱里，还在垃圾箱外点上了火。浓烟差点把小约翰呛死，直到老师出现才把他救了出来。很多时候，其他同学都放学走了，只有约翰一个躲在教室的角落里，流着泪组装被同学拆散的轮椅。

后来，约翰升入高中。他的个头仍然不及别人一半，高中一千多孩子，对于他来说就是面对几千条腿。他每天坐着轮椅在这几千条腿中间谨慎地穿行，他要做的是就保护自己不被他们踩伤。

恐惧无时无刻不在，他却暗暗鼓励自己：要勇敢面对一切。

成年后的一次偶然的演讲，给约翰带来不同以往的人生。

在一次午餐会上，约翰应邀对自己的经历作一个非正式的演讲。“我一定要抓住机会，勇敢地把自己呈现给观众！”约翰暗自为自己打气。他战胜自卑心走上讲台，把自己曲折的人生娓娓道来，让在场的观众听得热泪盈眶，最后大家报以热烈的掌声。

演讲结束后，约翰独自一人来到海边，面对波涛汹涌的大海，他的内心久久不能平静。想起在午餐会上的掌声，他第一次被这么多人关注。这时，约翰忽然清醒地认识到，讲台是自己的舞台，要在这个舞台上让更多的人认识自己，要让大家知道自己的经历和忧伤，让大家了解自己的拼搏与坚强，给更多的人以启迪，让更多陷于困境的人振作起来。

就这样，约翰开始频频出现在演讲舞台上，他把积极的人生态度、不向挫折低头的精神展现给每一个听众。

约翰天生有着演讲家的气质，他语言诙谐、反应敏捷，在演讲台上他意气风发，眼神炯炯有神，就像一位将军在做战前动员。

到目前为止，没有腿的约翰曾在九十多个国家做过八百多场演讲，他用自己的成长故事激励了两百多万听众。谁能想到，一个四肢健全的人都办不到的事，没有腿的约翰做到了。他成为澳大利亚，乃至世界知名的励志大师。

“人生不如意事十之八九。”一帆风顺只是人们对朋友发自真心的祝福语。既然如此，遭遇挫折、失恋、破产、朋友陷害、亲人离世、车祸等等，都不足为怪。存在，都是合理的。

既然是合理的，我们就得理性对待它，而不能感情用事，甚至丧失理智。当有一天你冷静下来回味人生时，你会发现，曾经的一切苦难都是上帝的馈赠，上帝在教导人们忍一步风平浪静，退一步海阔天空。生活，要懂得辩证法。

不要人云亦云，而是要做独一无二的自己

“世界上没有两片完全相同的树叶。”这是新公爵夫人苏菲和崇拜者莱布尼茨的一段对话。

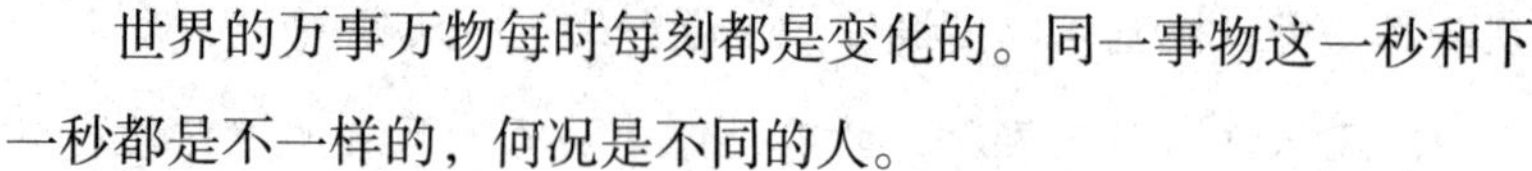

世界的万事万物每时每刻都是变化的。同一事物这一秒和下一秒都是不一样的，何况是不同的人。

每个人都有自己的思维特点。有什么样的思维，就会有什么样的行动。思维对人的行动起着决定性作用。

每个人都有属于自己的一片森林。《挪威的森林》里这样说道："也许我们从来不曾去过，但它一直在那里，总会在那里。迷失的人迷失了，相逢的人会再相逢。即使是你最心爱的人，心中都会有一片你没有办法到达的森林。"

这正如同每一个人。人都有一个独立的思想体系。每个人都有不同的人生经历，在脑海中就会留下不同的记忆和不同的想法。而这一个个记忆和想法的片段，也就构成了一片片独立而各有特色的森林。

迷失的人已经迷失了。每个人在生活的过程中有时候会忘记了自己是谁，从哪里来，到哪里去，忘记了自己的使命、梦想，迷失在历史滚滚的洪流中。

曾经相逢的人，也许从此不再相见，说的也许是宿命吧，这是无法改变的事实。

不同的人有不同的选择，不同的选择成就了每个人不同的人生。

因此，做最好的自己，才有可能成功地遇到最好的贵人。

有一个青年人去买碗。

他来到杂货店里。顺手拿起一只碗，然后像行家一样依次与其他碗轻轻触碰。碗与碗之间立即发出沉闷、浑浊的声响。这响

声令他失望。他无奈地摇摇头，然后去试下一只碗……

他几乎试遍了店里所有的碗，但是没有一只是他中意的。老板捧出自认为是店里碗中的精品，青年人试试后，也摇着头，失望地放回货架上了。

老板感到很奇怪，就问他为什么老是拿手中的这只碗去碰别的碗？

这个青年面带骄色地告诉老板，这是一位长者告诉他的挑碗诀窍。长者说当一只碗与另一只碗轻轻碰撞时，发出的声响如果清脆悦耳，那这只碗的质量一定是最好的。

原来如此，老板顺手拿起一只碗递给他，笑着对他说："年轻人，你拿这只碗再去试试，我敢保证这只碗正是你想要的。如果不信，你就试试看。"

青年狐疑地看着老板，犹犹豫豫地接过他手里的碗，按照他的方式去触碰另一只碗。奇怪的是，他手里的碗在轻轻地碰撞下发出了清脆悦耳的声音。他一下子来了兴致，去触碰所有的碗。结果没一只碗不是如此。

他惊呆了！不明白这到底是怎么回事。

看到年轻人的疑惑，老板拿着一只碗笑着对他说："道理很简单。你刚才试碗的那只本身就是次品，你用它去触碰其他的碗，所发出的声响肯定是浑浊的。如果你想得到一只好碗，首先要保证自己拿的是只好碗才行。"

年轻人恍然大悟。

就像一只碗触碰另一只碗，一颗心与另一颗心的碰撞都需要

付出真诚，才能发出清脆悦耳的声音。如果带着猜忌、怀疑甚至戒备之心与人相处，那别人也会对你猜忌与怀疑。

如果你与人为善，那么每个人都可能成为自己生命中的“贵人”。

你付出了真诚，就会得到相应的信任，你献出爱心，就会得到尊重。

反之，你对别人虚伪、猜忌、嫉恨、不尊重，那么别人给你的也只能是一堵厚厚的墙和一颗冷漠的心。

每个人的生命中都有一只碗，碗里盛着善良、信任、宽容、真诚，也盛着虚伪、狭隘、猜忌、自私，等等。如果你想听到清脆悦耳的美妙声响，就请剔除碗里的杂质，微笑着迎接另一只碗的触碰吧！

做最好的自己，才有可能遇到最好的别人实现事业的成功！

成功的定义有时候就是这么简单。无论身处什么岗位，都没有必要去在乎别人如何评价，更没有必要去和别人攀比。成功是不可复制的。关键是看你如何在平凡的岗位上演绎出不平凡的自己。很多时候，成功就是做最好的自己。

有一个小男孩，长相一般，从小父母离异，生活拮据，寡言孤僻，一家5口，挤在一间四面漏风的木板房里。小伙伴们都不愿跟他玩。上学后，他非常顽皮、好动、贪玩，成绩也一直不好。

他对拳击和武术有着狂热的兴趣，练得最多的就是咏春拳和铁砂掌，后来还偷偷练过泰拳，最喜欢李小龙自创的“截拳道”。他曾经渴望做一名功夫高手，但因体质较弱，最终失败了。

他在茶楼当过跑堂，在电子厂当过工人，当过“430穿梭机”主持人，跑过龙套，混个小配角，演过死尸，他一步一步地迈进了影视圈。他在日记中写道：“一步一个脚印，努力地做最好的自己！”

终于，他在娱乐圈内逐渐有了名气。他独辟蹊径，以幽默搞笑当作自己的风格。正是“无厘头”表演，使他开创了香港喜剧电影表演的先河，成为一位最出名的喜剧演员。20年前，他是被人呼来唤去的“星仔”，20年后，仅《功夫》的全球票房就超过了6亿港元，他创造了香港电影的票房神话。

他的名字叫周星驰。

每个人都曾遭遇拒绝，遭遇失败，遭遇人生中的各种不快，都会在失败的时候怀疑自己是不是不够好，都会觉得世界上是不是没有人爱自己，没有人能够例外。但我要告诉你，努力做自己的小太阳，不畏惧未来，你才是最好的自己。

第四章 没有人永远失败，失败是上帝的馈赠，是成功之母

人生没有一帆风顺的，都要经历一些挫折和失败。失败并不可怕，可怕的是在失败之后失去了继续奋斗的信心和意志。有时失败的经历也是一种资本，它可以成为我们走向成功的基石，所以，一个人要想成功，就要有屡败屡战的勇气，要对未来充满必胜的信心。挫折和失败并不可怕。可怕的是因为挫折和失败而放弃了对成功的追求。只有那些把挫折和失败当成动力并能从中学到一些东西的人，才会接近成功。

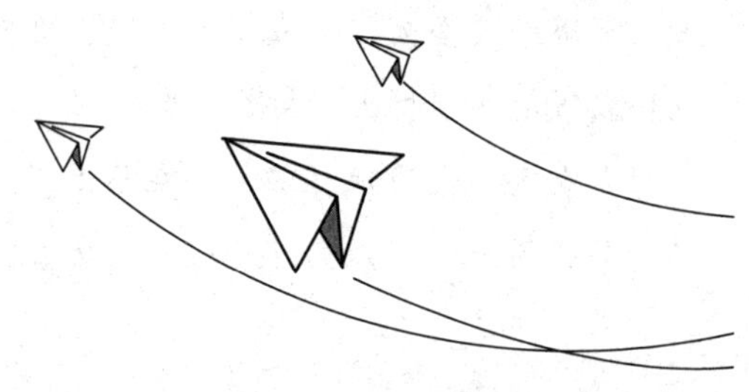

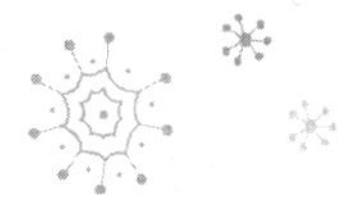

从小处做起

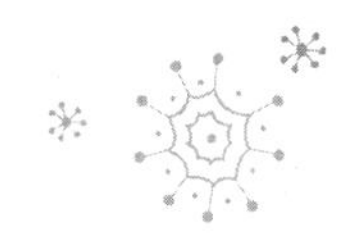

每到毕业季，都是大学生们寻找工作岗位走上社会的时候。如果家里有关系，工作的事就板上钉钉了。而家里没有后台的，只能靠自己打拼了。

人生是一场长途旅行。国内外无数的事实证明，也许我们会因为特殊原因输在起跑线上。但只要我们不放弃，不灰心，坦然接受现实，制定目标，砥砺前行，一步一个脚印地实现自己的小目标。“不积跬步，无以至千里；不积小流，无以成江海。”凡立功名于世者，无不是从小事做起，注意点点滴滴的积累，有意识地培养自己的品德才能，不断自我完善，最终同样会成就自己精彩的人生。

中国古代有这样一个故事：

黄河是世界著名的“地上河”，由于黄河流经黄土高原，冲刷下来的泥沙不断堆积，使得两岸的堤坝越来越高。在黄河岸边有一个村庄，农民们筑起了巍峨的长堤来防止水患。

一天，有个老农突然发现黄河大堤上的蚂蚁窝猛增了许多，而且蚂蚁爬得到处都是。老农心想：这么多蚂蚁窝，会不会影响黄河大堤的安全呢？一旦发生决堤，那就是危害千万人的大罪过啊！我得赶快回村去向村长报告！

老农火急火燎地往回赶，在路上遇见了他的儿子。老农的儿子听爸爸讲后，不以为然地说：“父亲，黄河大堤那么结实那么

坚固，还害怕几只小小的蚂蚁吗？你想得太多了！肯定没事的。”听读过书的儿子这么一说，老农心里就踏实了，于是和儿子一起下田耕作了。

谁知道天有不测风云，当天晚上突然电闪雷鸣风雨交加，大雨像瓢泼似地倾泻而下，黄河水位不断暴涨。咆哮的黄河水就从蚂蚁窝开始慢慢渗透，继而喷射，终于冲决了黄河大堤，淹没了沿岸的大片村庄和农田，造成了惨绝人寰的悲剧。

这就是成语“千里之堤，溃于蚁穴”的典故。你看，这么一个小小的蚂蚁窝就能够使千里黄河大堤瞬间溃决，数千万人受灾，数十万人淹死，数千亿财富被冲走，人们遭遇了巨大的损失，后果极其严重。

这个成语生动地告诉我们小事的极端重要性，而且比喻小事情不重视，处理不当，将酿成无比严重的，甚至不可逆转的大祸。

“小”能毁了“大”，墙体崩坏都是从缝隙开始。一个细节不注意，往往会把我们引向一场大的不必要的灾难。

“小”能成就“大”，平凡能成就伟大。很多年轻人都曾梦想做一番大事业，其实天下并没有多少大事可做，有的只是小事。一件一件小事积少成多，就变成了大事。任何大成就或者大灾难都是不断累积的结果。曾国藩说：“成大事者，目光远大与考虑细密二者缺一不可。”没有远大的人生目标，人就会迷失前进方向。有了目标，还必须按目标一步一步走下去，方有成功的可能。人生价值的真正伟大之处在于平凡。只有从最平凡、最普通的事物之中显示出的伟大，才是最伟大的处世之道。

大事留给上帝去做吧，我们只做细节。从细节做起是成大事

者最常用的手段。列宁说:“人要成就一件大事，就得从小事做起。”世界上许多的富翁都是从“小商小贩”开始做的。只有扎扎实实地从小事情做起，这样从事的事业才有坚实的基础。比尔·盖茨说:“你不要认为为了一分钱与别人讨价还价是一件丑事，也不要认为小商小贩没什么出息，金钱需要一分一厘积攒，而人生经验也需要一点一滴积累。”确实如此。

老子说：“合抱之木，生于毫末；九层之台，起于累土；千里之行，始于足下。”合抱的大树，生长于细小的萌芽；九层的高台，筑起于每一堆泥土；千里的远行，是从脚下第一步开始。所以我们做事要大处着眼，小处着手，看问题要识整体，做事情要具体。想成就一番事业，必须从小事做起，从细节处下手。

千里之行，始于足下

“一屋不扫，何以扫天下？”典故：

东汉时期，有一个人叫陈蕃，他学识渊博，胸怀大志，少年时代发奋读书，并且以天下为己任。一天，他父亲的一位老朋友薛勤来看他，见他独居的院内杂草丛生、秽物满地，就对他说:“你怎么不打扫一下屋子，以招待宾客呢？”陈蕃回答：“大丈夫处理事情，应当以扫除天下的祸患这件大事为己任，为什么要在意一间房子呢？”

薛勤当即反问道：“一屋不扫，何以扫天下？”陈蕃听了，无言以对，觉得很有道理。从此，他开始注意从身边的小事做起，最终功成名就。

这个典故给我们讲了这样一个道理：成大事都得从小事做起。《弟子规》中说："房室清，墙壁净，几案洁，笔砚正。"意思是说：书房要清洁，墙壁要干净，书桌上笔墨纸砚等文具要放置整齐，不得凌乱，井井有条，才能静下心来读书。我们也可以联系到自己的生活实际，比如你在写作业的时候，妈妈突然端来水饺，你的眼睛总会不自觉地瞟向水饺，忍不住想吃吧！这样不就分散了你的精力，写作业的速度就会变慢了。所以，我们做一件事情的时候，要学会清除外在的干扰和影响，认认真真地做，不要受别的事物的诱惑。还有当我们用完一样东西，就要放回原来的位置，这样看上去很舒心，学习效率也会提高不少，对吗？

小事很重要。有一条缝没有处理好，古埃及人智慧的结晶金字塔就可能消失；有一段块砖没有砌好，世界奇迹万里长城就可能成为遗憾。因此，对小事情的忽略就是对大成功的毁灭。人民的好总理周恩来在共产党诞生之日起到自己 1976 年去世，时时刻刻都在为党内的小事情着想，最后日积月累，为党的伟大事业做出了巨大的贡献。可谓是"鞠躬尽瘁，死而后已"。

但是我们要从小事情做起，并不是说我们对任何小事情都要过分思考，花费太多的时间，甚至因为一些不必要的细节而影响了真正的大事进程。这时我们要有全局眼光，大局意识，要懂得取舍，以大局为重。

有一个小男孩，他的父亲是位马术师，他从小就跟着父亲东奔西跑，一个马厩之后一个马厩，一个农场之后一个农场地去训练马匹。由于四处奔波，男孩的求学过程并不顺利。初中时，有

一回老师叫全班同学写报告，题目是“长大后的理想”。

小男孩想拥有一座属于自己的牧马农场，仔细画了一张200亩农场的设计图，标有马厩、跑道等位置和一栋4000平米的巨宅。他整整写满6张纸。

但是，老师给他打了个“X”。

男孩不解，下课后去见老师：“为什么给我不及格？”

老师回答道：“你没钱，没家庭背景，买地要花钱，买纯种马匹也要花钱，你的理想太离谱了。”

男孩回家后反复思量了好久，他决定原稿交回，一个字都不改。他告诉老师：“我从小事做起，一定会实现理想！”有意思的是，二十年后的夏天，那位老师带了30个学生来男孩的农场露营了一个星期。

事实证明，不重视对细节、小事的思考，你永远不会得到更大的进步，细节决定成败，失败总是在于细节。

人不能浮躁，要一步一个脚印前行

客观事物的发展自有它的规律，纯靠良好的愿望和热情是不够的，如果一意孤行，很可能效果还会与主观愿望背道而驰。

有个宋国人担忧自己的禾苗长不高，就把禾苗往上拔，拔完之后，十分疲惫地回到家，对他的妻子说：“今天我累坏了！我把禾苗往上拔，那么多禾苗，我一棵一棵地拔，累死了！但禾苗

总算长高了！”

他儿子一听，连忙三步并作两步地奔去看那些禾苗的生长情况。到了田头，他傻眼了：禾苗基本上都枯萎了。

这个农夫妄图帮助禾苗生长，非但没有成功，反而危害了禾苗，最终害得自己颗粒无收。所以我们不能浮躁，要尊重自然规律，脚踏实地，一步一个脚印前行。

从前有一个小孩，他很想知道蛹是如何破茧成蝶的。

有一次，他在草丛中看见一只蛹，就抓回家日日观察。几天以后，蛹出现了一条裂痕，里面的蝴蝶想抓破蛹壳飞出，蝴蝶在蛹里辛苦地挣扎。艰辛的过程达数小时之久。小孩有些不忍心，想要帮帮它，便拿起剪刀将蛹剪开，蝴蝶破蛹而出。但他没想到，蝴蝶挣脱蛹以后，因为翅膀不够有力，根本飞不起来，不久就死了。

破茧成蝶的过程原本就非常痛苦，但只有通过这一痛苦的经历，才能换来日后的翩翩起舞。外力的帮助反而让爱变成了害，违背了自然的过程，最终让蝴蝶悲惨地死去。我们很多家长过分溺爱孩子，含在嘴里怕化了，捧在手里怕掉了，最终孩子经受不住生活风雨的考验，抑郁了，跳楼了，比比皆是。因为这些家长违背了孩子成长的自然规律。

欲速则不达，急于求成会导致最终的失败。历史上的很多大家都是在犯过此类错误之后，才懂得成功的真谛。宋代的大思想家朱熹聪明绝顶，他十五六岁就开始研究禅学，然而，到了中年以后，才感觉到禅学的精髓。所以速成不是良方，经过一番苦功

方有所成。“不经历风雨怎能见彩虹”讲的就是这个道理。

我们再看下面这个小故事：

天色渐晚，暮色开始四合。一个卖梨子的小贩想赶在城门关上之前走到前面的一座城。于是小贩问一位路人，他要什么时候才能抵达城门。路人回答说：“如果你慢慢走，关门之前就能到达。如果你走得很快，就到不了了。”这话说得违背常理啊！莫不是忽悠人的吧？小贩感到很奇怪，没有领会路人的话，就开始快速赶路，却又走得太急，一脚踏空摔了一跤，梨子滚的路上到处是。小贩不得不停下来，忍痛捡拾满地的梨子，浪费了大量时间，最终没能赶在关城门前到达。

这到底是什么原因呢？仔细分析，是因为小贩没有平和的心态，注意力全部集中在赶路上，而忽视了复杂的路况，以至于疏忽大意，打翻了梨子，浪费了很多时间。

可见，急于求成，心态浮躁都是要不得的。帆都是一针一线细心缝制的，唯有如此，才能迅速而安全地将我们送到成功的彼岸。

用焦急与功利心打造出的船，只能将我们埋葬在失败的大海中。

我们要遵循规律。

珍惜每一个锻炼自己的机会

有人曾这样概括“高考”，说它是“数载寒窗求正果，一朝考场换新天”。这样的说法或许有些夸张，但作为一次很重要的

考试，它多多少少会对学生的人生有一定的影响。

我们都参加过高考，所以明白了一个道理：天上不会掉馅饼，天下也没有免费的午餐，机遇不是等来的，而是要靠自己勤劳的双手去创造，靠自己去努力争取。没有机会，就要创造机会。任何的等待，对我们来说，有可能都是错过，有些东西错过了，就永远不会回来，所以，我们要学会拼命争取。

我在北京参加了一期培训。课间，主办方安排了一个专家做讲座。专家总是不希望冷场，希望有人能配合自己，于是他就面向学员问道："在座有多少人喜欢经济学？"

可现场没有一个人响应，只是抬起头瞄了一眼专家后，又低头玩弄自己的手机了。但我知道，我们来北京参加培训，包括我自己，都是从事经济工作的，目的就是"充电"。可由于怕被提问，大家都选择了沉默。

专家看了一遍培训现场，只好苦笑了一下说："我先暂停一下，讲个故事给你们听。"专家咳嗽了一声，"我刚到美国哈佛读书的时候，在大学里经常有人讲座。这些人的地位都是非常高的，都是请华尔街或跨国公司的高级管理人员，他们都是社会上的精英人士。每次讲座开始前，我都会发现一个值得学习的现象，那就是我周围的同学手里都拿着一张A4纸，然后中间对折一下，让它可以像席卡一样立在桌面，然后用颜色很鲜艳的记号笔大大地写上自己的名字，再加粗，这样更醒目。为什么要这么做呢？我不解，便问旁边的同学。同学笑着告诉我，讲演的人都是难得一遇的一流人物，他们就是机会。当你的回答令他们满意或吃惊时，很有可能就预示着他可能会给你提供很多机会，这是一个很简单的道理。而且，我这么做，讲演者

就可以直接看名字叫人。我就有机会接触到他们。”

“原来如此！”专家接着说道，“事情的发展也确实是这样，我的确看到我周围的几个同学，因为独到的观点，杰出的口才而最终被聘到跨国公司任职。”

在专家讲完故事之后，我看到不少人都举起了自己的手。

这个故事让我突然懂得了“天上不会掉馅饼”的深刻含义。

在人才辈出竞争日趋激烈的今天，机会一般不会自动找到你，等机会是没有出路的。只有敢于“亮剑”表达自己，吸引对方的注意力，让别人认识你，你才可能寻找到机会。我们绝大多数人都希望实现自己的理想和目标，但人生的第一步就是必须学会醒目地推销自己，为自己创造机会。也就是说，你是主动出击，还是被动选择？因为这决定着你能否成功。

过去，酒香不怕巷子深，一段时间这句谚语是正确的。在科技高度发达的今天，人们借助科技可以把酒的香度能发挥到极致。所以，“酒香不怕巷子深”在人才辈出的现在已经不管用了。因此每个人都要学会去推销自己，特别是在人头攒动的求职现场，大家都在同一个起跑线上，善于推销自己的人往往会取得先机，将主动权牢牢控制在自己的手中。

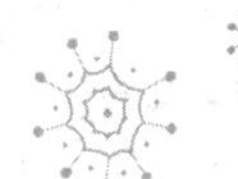

机会稍纵即逝，要善于把握

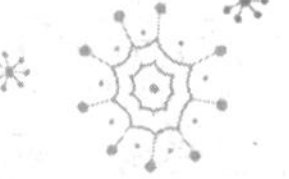

机会是可遇而不可求的，稍纵即逝。善于把握机会的人，总是会取得事业上的成功。不懂得把握机会的人，则在无限的懊恼之中怏怏不乐，这能怪谁呢？

六年前初春的一天，一个上海人到朝鲜旅游，受朋友之托，在朝鲜一家超市买了四大袋30斤左右的泡菜。

在回宾馆的路上，他渐渐感到手中的塑料袋越来越重，勒得手生疼。他看了一下自己的手，颜色都变紫了。

他想把袋子像米袋一样扛在肩上，但又怕弄脏自己新买的休闲装。焦头烂额之际，忽然看到了大路两边茂盛的绿化树，顿时有了主意。

他把袋子放下，跑到路边的绿化树旁随手折了一根树枝当作提手来拎沉重的泡菜袋子。正当他暗自高兴时，却被不知从何处冒出来的朝鲜警察逮了个正着。无论他如何打招呼，解释，警察还是因他损坏树木、破坏环境而毫不客气地罚了40美元。

40美元，在中国相当于300多元人民币啊！这在国内能买200斤泡菜啊！他心疼得直跺脚。但朝鲜警察根本不听他解释，开出了罚单，责令他迅速缴费。

没办法，他交完罚款，肚子里憋了不少气，除了舍不得那40美元外，更觉得自己的不文明行为被朝鲜警察罚了款而感到给中国人丢了脸。越想越窝囊，他干脆放下袋子，坐在路边发起呆来。

大路上人来人往，川流不息。他看着来来往往的人流，竟然发现有不少人和他一样拎着大大小小的袋子，汗流浃背地走着。这些人的手掌被勒得发紫，有的人干脆停下来揉着疼痛的手。他们吃力的样子竟让他觉得有点好玩，但很快他就陷入了沉思。

为什么不设计个既方便，又不勒手的提手来拎东西呢？对啊，问题就是商机！发明个方便提手，专门卖给朝鲜，一定有销路！想到这里，他的精神为之一振，马上起身，潇洒地回到宾馆办理回国的手续。

回国之后，他不断想起在朝鲜被罚40美元的事情和那些提着沉重袋子的路人，发明一种方便提手的念头越来越强烈。于是，他干脆利用下班的时间一头扎进了方便提手的研制中。他根据人的手形反复设计了好几款提手。为了测试提手的抗拉力，又分别采用了铁质、木质、塑料等几种材料。然而，效果总是不理想，他几乎崩溃了。但一想到在朝鲜被警察罚掉的40美元，他不服输的劲又上来了。

经过几十次的失败，符合要求的提手终于做出来了。他拿着自己设计的提手请邻居们免费试用，结果这不起眼的小东西竟一下子得到邻居们的好评。邻居们用它买米买菜多提几个袋子也不觉得勒手了。

后来，他又把提手拿到当地的集市上推销，奇怪的是，看的人多，买的人少。

这到底是怎么回事呢？他急得抓耳挠腮。

他的夫人提醒他，免费赠送提手给那些拎着重物的人使用。这招还真奏效，小提手的优点一下子就体现出来了。一时间，大街小巷到处有人打听提手的生产厂家。

提手声名大噪了，这增强了他将提手推向市场的信心。为防

止假冒伪劣产品毁掉自己的心血，他很快向国家专利局申请了发明专利。接着，他就着手准备打进朝鲜市场，他决定先了解朝鲜消费者对日常用品的消费心理。

经过反复的实地调查，他发现朝鲜人对色彩及款式非常讲究。只要包装精美，做工精良，价格都不成问题。于是他根据朝鲜人的消费心理对提手的颜色进行亮化改造，增强视觉冲击力。至于款式，他又不惜重金聘请了专业包装设计师，对提手按国际标准进行细致的包装。

功夫不负有心人。经过前期大量的市场调研和商业运作，一个月后，他接到了朝鲜一家大型超市200万只方便提手的订单，每只提手0.2美元。他欣喜若狂。

这个靠简单的方便提手吸引朝鲜消费者的发明人叫韩振远。他从生活中一个不起眼的烦恼，发现了巨大的商机，一下子从一个普通人变成了百万富翁。而这个变化，他只用了不到一年的时间，而他的事业才刚刚起步。

有人问他是如何成功的，他嘿嘿一笑，说是用40美元买一根树枝换来的。

一根树枝不仅给他带来了财富，而且改变了他的人生。机会就像这一根树枝，你在它身上开动脑筋，它就帮你改变人生。人人都有机会，就看你能不能把握住它。

一个真实的故事：

一天，大发明家爱迪生的办公室来了一个人。此人不修边幅，显得比较邋遢。大家都觉得他很好玩。当他表明自己此次来是想

成为爱迪生的合伙人时，所有的人都哄堂大笑：爱迪生需要合伙人吗！

这个不修边幅的人叫巴纳斯。由于他的坚持，他最终赢得了在爱迪生办公室打杂的活。

爱迪生对他的执着有着深刻的好印象，但这距离成为合伙人还有很长的路要走。但巴纳斯对此毫不在乎，并且在爱迪生办公室做设备清洁和维修工作，总是任劳任怨，一干就是好几年。

机会终于来了。有一天，他听销售人员在吹嘘爱迪生的一件最新发明——口授留声机，立即感觉到这里面的巨大商机，就自告奋勇地去销售这件东西，从此，他从打杂工变成了销售人员。巴纳斯用他打工挣的钱跑遍了全国，一个月后，他卖了七台口授留声机。当他装着满肚子的销售计划回到爱迪生的办公室时，爱迪生真的接受他为口授留声机的合伙人，并签署了合伙合同。

由这段故事来看，一个人能否成功，固然要靠天才，要靠努力，但要及时把握时机，不因循、不观望、不退缩、不犹豫，想到就做，有尝试的勇气，有实践的决心，多少因素加起来才可以造就一个人。

但认真想来，这偶然机会能被发现，被抓住，而且被充分利用，我认为这绝不是偶然的。

机会是在纷纭世事之中的许多复杂因子，在运行之间偶然凑成的一个有利于你的空隙。这个空隙稍纵即逝，所以要把握时机确实需要眼明手快地去“捕捉”，而不能坐在那里等待。

等待是人们失败的最大原因。弱者等待时机，强者创造时机。创造机会不过是在万千因子运行之间，努力加上自己的万千分

之一的力量，希望把“机会”的运行造就成有利于自己的一刹那而已。

徘徊观望是成功的天敌。许多人都因为对已经来到眼前的机会没有信心。就在犹豫徘徊，最后机会就悄悄溜走了，再不出现。

个人能否取得学习、事业、爱情上的成功，固然要靠机会，但在更大程度上，却在于个人是否经过了不懈地努力，能否自己创造机会，把握机会。另外，这个人还必须不消极、不徘徊，有尝试的勇气，有实践的决心，想干就干，这些因素加起来，就能造就一个人的成功。

因此尽管有人说成功是偶然的，是运气好，但我们得好好想一想，为什么就是他抓住了机会并取得了成功，而我们为什么一次又一次地失去了机会呢？这个问题值得深思。

主动出击，机会就在眼前

“明日复明日，明日何其多，我生待明日，万事成蹉跎。世人若被明日累，春去秋来老将至。朝看水东流，暮看日西坠。百年明日能几何，请君听我明日歌。”

这首《明日歌》大家都很熟悉，它告诉我们，时不我待，只有主动出击，才有可能成功，消极等待，将一事无成。

有一次我去北京参加某项活动。我是个守时的人，从不迟到，因为没去过北京，不认路，我就选择了坐出租车。

当我拉开出租车车门时，眼前一亮，那出租车内一尘不染，

干净整洁，不亚于总统座车。我迟疑了一下，才小心翼翼地上车。

车子开起来之后，我和师傅聊起了家常。我问司机："这是才买的新车？"司机笑了一下，露出整齐的牙齿说道："不是新车，这车年代不长，但已经跑了 23 万公里。"

我大吃一惊，脱口而出："怎么可能？我是女人，我自己的私家车想保持这么干净也不容易，更何况多脏的乘客你都得让他上车。保持这么干净，不容易啊！师傅，你真不简单！"

司机咧嘴笑了笑，说道："昨晚有个醉酒的乘客拦我的车。扶着他的朋友拉开车门一看，说人家的车这么干净，咱别把人家的车弄脏了。于是他们就关上我的车门，去打另一辆出租车了；昨天上午，一个妈妈带着一个三岁男孩坐我的车。这个孩子比较顽皮，浑身上下都是泥。这位母亲很有素质，拉开车门一看之后，就先掸去孩子身上的灰尘，上车后，她又脱掉了孩子的鞋，并对我连连抱歉。车里干净，别人就会注意保持整洁；你车里脏，别人也就会弄得更脏。记得有个理论叫什么破窗理论，讲的就是这个效应，对吧？"

我点点头，表示同意。

说实话，出租车司机的话让我感到震撼。一个出租车驾驶员每天不停地开车，想必一定非常累。但是他是个有心的人，在跑出租的同时，主动出击，把车收拾得干干净净，给乘客一种美妙的享受，同时得到一种尊严。我想，这是他开出租车成功的重要原因吧。我想起了另外一件事情。

我认识一个搞室内设计的工程师，他有随地吐痰的毛病，这使人很不舒服。但是有一次我发现，他在一栋高档写字楼里"咳咳"的时候，居然将痰吐在纸巾里。我冲他挑起了大拇指。他很不好意思："这个写字楼太干净了，太漂亮了。我怎能往地上吐痰呢？"

你看，卫生差的环境，人们就不会去珍惜；如果有关部门或单位主动出击搞好卫生，人们就会非常重视环境卫生。环境对人的素质的影响还是蛮大的。

现在经济条件好了，街上的饭店是一家连着一家。路边的大排档也是一个连着一个。我和朋友在大排档吃宵夜。朋友一边抽烟，一边“哦啊”一声，一口浓痰就“呸啊”吐在了黑乎乎、油黏的水泥地面上，继续自得其乐地抽着烟，晃着二郎腿。

我们走人生的路，应当主动出击，塑造好自己的形象，培养好自己的品格，做个一诺千金、有诚信的人，那么和你交往的朋友也都是玉树临风的谦谦君子，你会幸福一生。就像不同的乘客乘坐那辆干净的出租车。倘若你是一个出尔反尔、不讲诚信的人，正人君子是看不上你的，只有那些满嘴谎话的人和你交往，甚至趁火打劫，使你不断地向颓废的深渊里滑去。

车胤从小就很懂事，特别喜欢读书。但是他白天要帮家人干活，家境清贫，根本没有闲钱买油点灯，晚上想读书都没有条件。那么该怎么办呢?

一开始，他只能在夜间背诵书本内容。这使得他非常苦恼。

夏天的晚上，他看见几只萤火虫在上下飞舞，点点萤光在黑夜中不停闪动。于是他捉来许多萤火虫，把萤火虫放在一个用透明白夏布缝制的小袋子里。萤火虫的光从袋子里透出，比较明亮，可以写字看书了！车胤就把这个布袋子吊在屋梁上当成了一盏“照明灯”。车胤勤奋苦学，终于成为著名的学者。

放眼古今中外，就有许多成功人士的成功正是因为他们发挥主观能动性，主动出击，善于观察，善于分析比较，把握住了时机。这样的人，想不成功都难。那么问题来了，你会是下一个主动出击，把握机会，成功的人吗？

东山再起，失败中逆袭，你就是王者

失败是成功之母。这对抱怨者来说是一句大白话。而对不抱怨的人来说，这是一句真理。失败为我们提供了太多可以借鉴的经验和太多应该反思的教训。着眼于这些经验教训比抱怨失败本身意义重大很多。人生最大的失败不在于失败的本身，而在于失败之后意志消沉，把失败当成了一生的坐标，精神颓废，终其一生，一事无成。

没有人会永远失败，也没有人会永远成功。成功和失败相辅相成，机遇也就在失败和成功之间起承转合。只要你善于总结经验，吸取教训，在失败中奋起，在失败中逆袭，成功就在前方不远处等着你。

有位渔民因为拥有一流的捕鱼技术而被人们尊称为“渔王”。

“渔王”终于老了。他非常苦恼，因为三个儿子的捕鱼技术都很平庸。真是恨铁不成钢啊！

于是，“渔王”经常向人诉说心中的苦恼：“唉！我捕鱼的技术这么好，我的儿子们却不争气！”“渔王”深深地叹了一口气，“从娃娃们记事时起，我就教他们捕鱼技术，如告诉

他们怎样织网鱼逃不掉，怎样划船最不会惊动鱼，怎样下网最容易捕到鱼。他们长大了，我又教他们怎样看大海识潮汐，辨鱼汛，我长年捕鱼辛辛苦苦总结出来的经验，都毫无保留地传授给了我的儿子们！可他们的捕鱼技术竟然这么差！甚至赶不上普通的渔民！唉！”

一位教育家听了他的诉说后，问道：“你是手把手教他们捕鱼技术的吗？”

“是的，为了让他们掌握一流的捕鱼技术，我教得很仔细，很耐心，毫无保留。”

“你的儿子们一直跟着你吗？”

“嗯！作为父亲，我肯定希望他们少走弯路，我一直让他们跟着我学。”

教育家思索了一下，说道：“渔王，你犯了一个明显的错误。你只教给了他们技术，却没让他们吸取失败的教训。对每个人来说，没有教训与没有经验一样，都不能使人成大器！我这么直接给您点出来，可能会令您不高兴，但事实确实如此。”

这位教育家说对了。只有在失败后学会反思，我们才会吸取教训；只有在失败后奋起，我们才能学到真正的本领。

事实上，每个人都曾经跌倒过，而且每次跌倒后很多人都能爬起来，笑着面对生活。正是因为不断地经受磨难，才能变得更加坚强。

有时候，人们从失败中吸取的教训会成为有益的经验，帮助你将来取得成功。请记住，失败并不意味着永远失败，成功也不意味着永远成功，只要你将勇气、经验和教训累积起来，你就迈过了成功的门槛。

艾特二十岁的时候，是一个充满朝气的小伙子。他快乐地生活着，并积极投身体育锻炼，他热衷于滑冰滑雪、打高尔夫球、网球、羽毛球、篮球、排球等多种体育项目，他还参与组织了一个竞赛联合会，并开始着手组建一个网球场建设公司。

艾特还和一个非常漂亮的女孩热恋中，他们已经订了婚，可以看出艾特前景一片光明。可谁知，就在这时，艾特的幸福生活被一场厄运终结了。

那是在一个圣诞夜。艾特驱车离开加利福尼亚州，前往犹他州。他要赶到那里与未婚妻黛丽丝共度假期，此时离他们结婚的日子还剩五周时间，他们准备见面谈谈婚礼的计划安排。艾特连续开了八个小时的车，他感到太疲惫了，于是就让朋友驾驶，他则坐在后排系上安全带睡觉。此时，已经是深夜了，朋友也很困倦，他竟开着车趴到方向盘上睡着了。结果，汽车跑出公路滚下山坡。巨大的撞击和玻璃破裂的声音让艾特惊醒过来，但很快他就昏了过去。

当艾特再次睁开眼睛时，看到的是一片黑暗。他感到脸上淌着血，浑身疼痛得难以忍受。车子在跌落山谷时把他抛出车外，他身体多处受伤。

艾特被救护车送往内华达州拉斯维加斯一家医院，诊断后，医生说他胸部以下大面积瘫痪，也就是说艾特成了一个废人。

艾特的生活发生了巨大扭转。

艾特的身体状况已经不允许他再工作，他的身体只剩7%的部分还能活动。医生说他的余生需要别人照顾，他吃饭、穿衣、行走都将离不开别人的帮助。他们还劝艾特放弃结婚的想法，因为这对结婚对象也是件不公平的事，这会拖累她的后半生。医生还断定，

艾特今后再也不能参加任何体育项目，即使运动量再小的体育都不适合他。艾特第一次感到无比恐惧，他知道医生说的全是真的。

躺在病床上，艾特不止一次在想：我还有希望和梦想，我可以从头开始。可我的状况还能工作吗，还能结婚生子吗，还能像以前那样快乐地生活吗？

艾特度过了一段特别灰暗的时间，那一段日子对艾特来说饱受折磨。

就在他意志消沉的时候，母亲来到艾特身边照顾他，并对他说出一句改变他人生轨迹的话："艾特，当困苦降临后，超越它们会更加余味悠长。"

听了这句话，艾特觉得光明一下洒满黑暗的病房。

十一年后，艾特拥有了一家公司，他还是一名专业的评论员，他出版过一本名为《奇迹如此发生》的书。每年，艾特要行程三十二万公里赴世界各地演讲，听众超过十万人。1992 年，艾特入选美国该年度最佳青年企业家。1994 年，艾特入选《成功》杂志年度最伟大的身残志坚者。

以艾特当时的身体情况，他是怎么做到这一切的呢？自从艾特听到母亲的那句话以后，艾特就感到残疾的身体充满了力量，他克服常人难以想象的痛苦，开始锻炼身体。经过一段时间的锻炼，他的手脚恢复了知觉，随后他开始学开车，一年后他就能驾驶汽车了。经过六年顽强的锻炼，他的生活已经能够做到自理，他可以去任何地方做想做的事。

遭遇车祸一年半后，艾特仍和那位美丽的姑娘结了婚。1992 年，艾特的妻子黛丽丝当选犹他州小姐，后来又在美国小姐比赛中获得季军。他们生了一对儿女，女儿瑞娜和儿子阿瑟聪明漂亮，

给他们夫妻的生活带来许多欢乐。

艾特没有满足于此，随后他又学会游泳、潜水。他还曾参加滑翔跳伞，我们很难想像这是一个四肢瘫痪者完成的。1997 年 7 月 10 日，艾特乘坐轮椅，用七天时间跑完从犹他州的盐湖城到圣乔治城之间五十多千米的路程，这在瘫痪病人还是首次。

多年来，母亲的话一直激励着艾特，那句话就是：当困苦降临后，超越它们会更加余味悠长。

意志力是人类自身拥有的一种神奇的力量，当人们善于运用这一有益的力量时，就会产生决心。有的人在挫折面前自暴自弃，那么他的人生就失去了意义。艾特——一个身体残疾的人能够完成这么多壮举，我们正常人为什么做不到呢?

追求卓越，成功就会在不经意间追上你

2008 年，有部电影叫《走钢丝的人》，其中的电影原型叫菲利普·珀蒂。1974 年 8 月 7 日，他利用定制的 8 米长、25 公斤的平衡杆，操纵 200 公斤的钢缆，在世贸中心的双子塔之间，离地 400 米的高空，完成了一场 45 分钟的长距离高空行走表演，在全球轰动一时。

按照我们普通人的标准，像在舞台上那样在离地面 20 米的空中走走就行了，或者走 15 米也可以，毕竟也是空中走钢丝嘛。但这也不是普通人能做到的啊！以这个标准来看，菲利普·珀蒂

像众多舞台走钢丝演员那样，是成功的。

但中国有句古训："欲乎其上得乎其中；欲乎其中得乎其下。"也就是说，你想要成功，就得追求更高层次的卓越才行。

很多人注重成功的结果与形式，而忽略了成功的过程与本质，把千千万万的事物外化为成功的要件，其结果是追求到了小的成功，却忽视了大的成功，获得了成功的形，而失去了成功的神。在所谓追求成功的道路上，恐惧、虚伪相伴而生。一方面患得患失以及本应促进成功的和对于成功本身的渴望却成为了成功的绊脚石；另一方面虚伪地应对成功往往让我们与成功擦肩而过。从这一点上来说，虽然电影是以教育为背景，但在有意安排下，对比了充斥恐惧和虚伪的失败与抛弃恐惧和虚伪后的成功，以及伴随成功而来的幸福。

如果不成功，一切都在进行中。只是有时候，我们沾沾自喜，以为自己是成功的，直到有一天，我们发现，原来我们所谓成功，其实连给人提鞋的资格都不够，那样的精神打击足以击溃过去所有的成功与喜悦。

罗东元，1949 年出生于广东省兴宁市。1975 年，二十六岁没有文凭的他成为韶钢运输部的工人。不论做什么事情，他都用心琢磨改进改良。

一个偶然的机会他毛遂自荐，告诉领导自己通晓无线电和电工维修技术。领导半信半疑，让他在 4 个月内组装一台 100 瓦生产用扩音机。结果他仅用了 40 天就组装成功。因此，罗东元从普通工直接转为电工，工资也涨了一大截。

1988 年，韶钢举办"钢花杯"电力知识大赛。参赛的有厂里的工程师、技术员。罗东元作为工人也参加了比赛。由于题目难

度大，评委认为考到75分就可以拿冠军了。而罗东元竟考了94分，高出第二名20多分。评委表示怀疑，让他重考，还是原来的题目，但时间减半。结果罗东元提前交卷，满分！评委们彻底被征服了。

这个没有文凭，也没有正规学过电气理论和维修技术的罗东元，就是靠自己多年坚持自学，不断实践，才取得这么高的成绩。

上世纪90年代初，韶钢投入运行结构复杂，技术难度高，为大铁路运转服务的6502电气集中控制系统，但依然不能满足工矿企业铁路运输的要求。领导也是压力山大。罗东元克服困难，为公司设计了一条新的系统，解决了公司的难题。

由于学习勤奋，刻苦钻研，罗东元不仅系统地掌握了无线电、电工工艺、电器制图、模拟电路、数字电路、铁路信号等十几门专业技术理论，还在实践中磨炼出高超的检修和创新技能。经过近30年的磨炼，罗东元带出的徒弟逾100人，这是一支在全国工矿企业中最为出色的集设计、施工、检修和日常维护保养为一体的全能团队，为韶钢的持续发展提供了弥足宝贵的人才储备。

罗东元刚进厂的时候没有文凭、学历，但是却成为了全国著名的专家，这是什么原因呢？我想，首先，要有追求卓越的信仰，而信仰是信念的最高境界。所以，追求成功不容易，但是追求卓越更不容易。其次，我觉得要专注。世界上没有失败的行当，只有失败的人。只要你坚持专注于某件事达到一万小时，你也可以实现从成功到卓越的飞越。

第五章 你受的苦，终将铺好你未来的路

这是一个喧闹的世界，也充满着爱恨情仇，更有一些我们看不到的苦难、背叛、挫折、眼泪和情非得已。你所吃过的亏，忍过的痛，扛过的罪，流过的泪，都会变成一盏盏路灯照亮你的路。将来的你一定会感谢现在拼命的自己；你的努力终将成就无可替代的自己；你受的苦，总有一天会照亮你未来的路。你的负担将变成礼物，你受的挫折和一切苦难将照亮你的路。

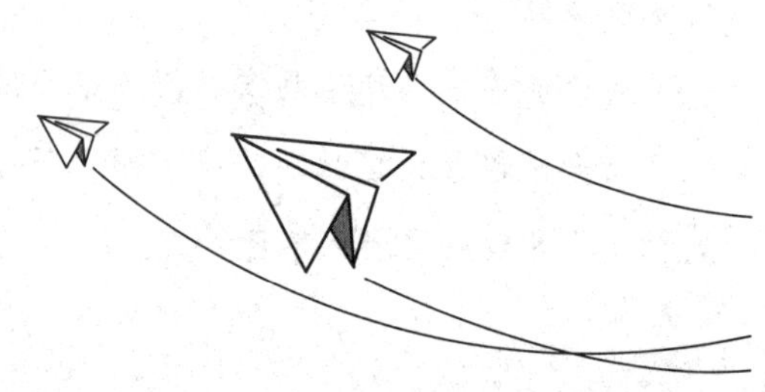

吃得苦中苦，方为人上人

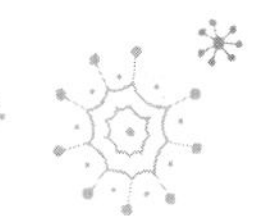

吃得苦中苦，方为人上人，意思是吃得千辛万苦，才能获取功名富贵，成为别人敬重、爱戴的人。每个人都可能有环境不好，遭遇坎坷，工作辛苦的时候。说得严重一点，几乎可以说，在我们每个人降生到这个世界以前，就注定了要背负起各种困难折磨的命运。

我们虽然被注定了要靠劳力，靠工作来维持自己的生活，虽然被注定了用七情六欲来品尝人间各种各样的悲欢离合，但在另一方面，我们却有机会欣赏这有鸟语花香的世界，我们还有智慧可以体味人间苦乐的真谛，我们也还有心情来领略人间的爱心、善良和同情，这是何等的珍贵。

周大虎，浙江大虎打火机有限公司董事长，拥有三亿多元的资产，很多人非常羡慕，也非常佩服他。很多人也许不知道，他衣着光鲜的背后，曾经吃尽了苦头。

初中毕业后，周大虎到农村插队。那个时候乡下的生活非常困难，实在维持不下去。于是，十七岁的周大虎便和几个同乡四处流浪谋生。

周大虎第一站到了西安。他在这里做钣合金工。由于当时他们没有全国粮票，吃饭经常有上顿无下顿，甚至连续吃了一个月的柿饼，导致肠胃消化不良。

尽管生活艰苦，但在当时有组织地外出打工是闻所未闻的。没过多久，牢狱之灾就降临到他身上，组织他们的包工队队长被以“黑包工头”的罪名给枪毙了。周大虎也被抓进了西安大牢。关了一个月之后，他被遣返回了老家。

但是，老家的生活实在贫困，日子难以为继。周大虎又开始跑到江西、安徽、湖北等地流浪。二十五岁那年，机会来临，周大虎顶替母亲的班得以进入温州邮电局工作，开始了每天扛邮包的日子。这个工作相对稳定，周大虎十分珍惜，因此他每天扛邮包的数量比其他人多得多。因为有了七年流浪吃苦的经历，所以当其他人都叫苦不迭时，周大虎嘿嘿一笑，并未觉得苦。

时间很快到了1991年。这时他妻子下岗了，分到了5000元安置费。面对这一人生挫折，周大虎不叫一声苦，腾出一间住房作为生产车间，他用妻子的安置费招了几个工人开始生产打火机，进行创业。

由于他在流浪中吃过苦，积累了丰富的阅历、胆识、忍耐度，小厂很快就度过了困难期，并完成了原始积累。一年之后，周大虎扩大规模，厂房面积达两百多平方米，工人招募了一百多个，生意开始蒸蒸日上。

这时，周大虎干脆从邮局辞职，一家三口从刚装修好的新居搬进租来的破旧厂房中。挤在没窗户、没空调的小阁楼里。厂里没有浴室，也没有食堂，全家只能整天吃快餐，把一百米远处的公共厕所当卫生间，这一住就是整整五年。

正是周大虎吃得苦中苦，公司的销售额连续五年翻番，到1999年产值突破亿元大关，成为当地的纳税大户。目前周大虎的

公司有工人一千多名，两万多名工人配套生产的厂家有数家，大虎打火机畅销国内，并出口世界七十多个国家和地区。

想赚钱就得吃苦。赚小钱就吃小苦，但想赚大钱就得吃大苦。干任何事情何尝不需要吃苦呢？自古英雄多磨难，纨绔子弟少伟男。

正是这种“吃得苦中苦”的顽强拼搏精神，才实现了每个人优质人生的梦想。

立大志，不让无知小人挡前程

年轻人由于荷尔蒙分泌的关系，常常心高气傲，看不起别人，不把别人放在眼里。这是一种错误的竞争心理。如果一定要说这是上进心的话，也许有一定道理。工作只是一个平台，少了谁都会运转。但是有的青年人不这样想，以为公司或单位少了自己就不行，故而器张跋扈，缺失了最基本的与人为善的生存法则。一旦遇到狠角色，不动声色就会把他打翻在地，而且让他知道“山外有山、人外有人”的道理。

因此，有实力是一件好事，但没必要争一时高下。人生区区几十年，小盒子就是我们每个人最后的归宿。我们在社会上也没必要大肆渲染竞争之风，应制定相关政策措施让大家和睦相处，亲如兄弟，共同维护这个社会的良性循环。

清朝中期有个“六尺巷”的故事。据说当时的宰相张英与一位姓叶的侍郎都是安徽桐城人。两家又是邻居。但是两家的家人都要砌房子造屋，就必然要牵涉到地皮。所以两家为争地皮，发生了激烈的争执。

张宰相的妈妈觉得儿子是一人之下万人之上的大官，竟然有人不买账，就写了一封信到京城要儿子张英出面干预。

看罢母亲大人的来信，张宰相到底见识不凡，立即写了一首诗来劝导母亲：

千里家书只为墙，

让他三尺又何妨？

万里长城今犹在，

不见当年秦始皇。

张老夫人到底是读过书的人，看过宰相儿子写来的信之后，立刻知道了其中的道理，就命人主动把墙往后迁移，退让三尺。邻居叶家见后，心生惭愧，也主动把墙退后三尺。这样，张叶两家的院墙之间形成了六尺宽的巷道。这个宽容的故事至今为人们津津乐道。

宽容与忍让往往是辩证统一的。宽容和忍让不是懦弱，也不是个人做事原则的背叛，而是以退为进，在宽容与忍让中韬光养晦。

逞一时之强，斗一时之气，争强好胜，得到的只是蝇头小利，而你却失去了别人对你的尊敬、友好和礼貌，置自己于失道寡助的绝境。所以我们提倡韬光养晦，不贪图一时之快，厚积薄发，

直奔前程。

“台球神童”丁俊晖和“世界飞人”刘翔是经常在赛场上驰骋的中国运动健儿。在国外比赛时，两位运动员常常无缘无故地受到不文明者的辱骂。

一次，有个外国球迷不住口地叫骂说丁俊晖是“中国白痴”，后来被现场保安人员赶出场外。但丁俊晖根本不放在心上，专心于比赛。“世界飞人”刘翔也经常受到个别国外观众的不文明骚扰，尽管很委屈，但刘翔“忍”字为上，专注比赛，取得了世界冠军的好成绩，赛后用一句歌词自嘲说：“男人，哭吧不是罪。”说得多好啊！

立大志，才能远小争。成大事者都会刻意地远离小纷争，因为他们知道，在人生的关键时刻，要实现人生的远大目标，就必须要看大处，顾大局，做事专注，不受干扰，不能让无知小人挡住自己的前程。

因此，不争一时之气，不代表懦弱，被践踏，而是一种超凡的智慧。

不争一时之气，要争千秋万世

上帝很公平，每个人的人生自有定数。你为人处事如何，生活态度怎样，往往就对应了每个人的成就和生活品质。

每个人都有自尊心，有的时候被人莫名其妙神经质地发作一通，搁谁心里谁都不会好受，所以后来自己就会据理力争。结果就是自己的心情变差，不但耽误了工作，还气坏了自己身体，真是不值得。

事实上，在我们的周围就有这样一些人，喜欢占小便宜，喜欢对事对人斤斤计较，权力欲旺盛，对鸡毛大的权力看得很重。有时会为连鸡毛蒜皮都称不上的小事发火显示权威，然后强势把你压制下去，让你知道他很了不起，你是多么的不堪一击，把办公室的同事关系搞得水火不容，如同深仇大恨。这种人是非常可恶的，我们恨不得他立刻去死，以发泄心头之愤。

郑板桥有句名言叫“难得糊涂”，意思是说宽容点、厚道点、糊涂点，比什么都好。当然，“糊涂”不是“装疯卖傻”，不是打“肚皮官司”，更不是“留一手”，等“秋后算账”，而是给对方留点面子，给矛盾缓解留点余地。其实，你装糊涂，对方也不笨，他是会打心眼里感激你的。“难得糊涂”实际上是宽容在起作用。

负荆请罪的故事

在战国时期，赵国有一位足智多谋的上大夫蔺相如，还有一位英勇善战的大将军廉颇。这两个人是赵国的顶梁柱，是赵国国君的左膀右臂。

有一年，秦王邀请赵王到渑池相会。酒宴上，秦王让赵王弹瑟。在秦王的威势之下，赵王没办法，只好弹了一曲。

当时陪同赵王的蔺相如心想：“秦王以势压人，欺负赵国。我必须为赵王争回面子。”思想已定，就捧起一个瓦缸，大步走到秦王面前说：“我听说大王擅长弹奏秦国的音乐，我斗胆请大

王击下瓦缸，大家快乐一下。”这太出乎秦王的意料了！秦王根本没想到会出现这种局面。在蔺相如的强逼下，只好勉强在缸上敲了一下。秦国的大臣非常生气，从来没有哪个国家敢这么做！他们气得大叫：“请赵国割十五座城向秦王献礼！”蔺相如针锋相对，高喊：“请把秦国首都咸阳作为礼物献给赵王！”秦国一点便宜也没占到。回国后，赵王封蔺相如为上大夫。

这件事情让廉颇愤愤不平。他对人说：“我出生入死，屡立战功，而蔺相如算什么呀！只凭三寸不烂之舌，居然官做得比我大！倘若给我遇见，我一定要当面羞辱他，让他下不来台！”蔺相如听说后，处处忍让，上朝时也装病请假在家，以免与廉颇争执，引起不快。

真是怕啥来啥。有一天，蔺相如乘车出门，远远看见廉颇的马车迎面而来，他立刻吩咐仆人把车子调转方向，避开廉颇。

蔺相如身边的人都说他太胆小了。他问大家：“各位朋友，你们看廉将军与秦王哪个更厉害？”

“那当然是秦王更厉害啦。”大家异口同声地说。

“我敢在秦国当众呵斥秦王，又怎会偏偏怕廉将军呢？”蔺相如款款说道：“那我为什么要怕廉颇将军呢？只是我想到，强大的秦国之所以不敢对赵国动武，是因为有我和廉将军两个人在。如果我们两人争斗起来，斗得你死我活，就会被敌人钻空子。国家的安危才是第一位啊！”

廉颇听到这些话很惭愧，就脱掉衣服光着脊背，背着长满刺的荆条，到蔺相如府上请罪。两人冰释前嫌，成为好朋友，共同辅佐赵王。

老子说：“夫唯不争，故天下莫能与之争。”这句话的意思是，正因为不与人相争，所以全天下都没人能与他相争。可惜的是，两千多年来，能参悟和运用者凤毛麟角，尤其是三十岁前的年轻人，在名誉、金钱、职称、官职面前，往往不择手段争得脸红耳赤，结果大都落得个遍体鳞伤，两手空空。有的甚至身败名裂，一命呜呼。

所以我们要以平常心去看待世上的一切，包括金钱、爱情、职位，等等。但平常心不是“看破红尘”，不是“消极遁世”，出家当和尚，当尼姑。平常心是人生的一种境界，是积极的人生，是我们口中的“道”。范仲淹在《岳阳楼记》中写道：“先天下之忧而忧，后天下之乐而乐。”工作本就平常，生活也很平常，如果我们每个人都能学会以平常心看待世上的不平常事，那么事事都会很平常。

放眼看去，为何有的人过得如此优雅，如此富足，如此快乐？事实上，他们有个共同特征：事事宽容，大智若愚。大智若愚是人生的大智慧。能做到事事宽容、大智若愚的人，绝不是凡人，他们的生活不会过得很差。所以我们要提升自己为人处事的能力和修养，向自己人生的目标前进。

宽容是通向幸福的大门。在金钱、名利等纷争面前，宽容和忍让是最好的办法。吃点眼前亏并不是示弱，恰恰是展示肚量和胸怀的机会。如果事事都要斤斤计较，那么，你的格局必定越来越小，最后变成目光短浅、思想狭隘的人。有的人在长期的明争暗斗中学会耍刁巨猾，这种人更是与小人没什么分别。对别人的过失和伤害，能不计较的，就不要计较，这样才能活得坦然，活得幸福。愿你与我共同拥有快乐幸福的人生。

感谢折磨你的人吧！这会让你更强大

“金受砺则利，木受绳则直。”金属受到艰苦的磨砺，就会变得很锋利，树木由于受到限制，就会长得笔直，成为有用的木材。人的一生，如果没有敌手，你就不知道这个世界存在的风险，不知道这个世界的险恶，你就不会实现自己真正的强大。

“人生布满了荆棘，我们唯一的办法就是从那些荆棘上迅速踏过。”这是法国著名思想家伏尔泰的名言，入木三分地告诉我们，面对生活的险恶，我们别无选择，只能勇敢提升自己，使自己足够强大，碾压对手。

感谢那些折磨过我的人

来英国念书这一年，我感觉到了前所未有的累。心累。从小到大，我虽然不是学霸，但读书也不是我的弱项。

高三时还经常跟朋友打球散步，每天晚上10点睡觉，早上7点起来上课，回家从来不做作业。高考时因为打瞌睡考砸一科，却也上了一所大学。

大学时被学霸带动着天天上自习，图书馆占座。虽然很忙，但从来没有得过奖学金。尽管如此，大学四年结交了一群生死相依的朋友，树立了正确的三观。

大四时决定出国，为此一路打拼，考雅思、练口语，最终如愿。那个时候以为读书是最痛苦的，殊不知真正的痛苦还没来临。

来到英国整整一年里，我们专业都流传着一句话：“安娜是你绕不过去的墙。”

安娜是谁？是我们的翻译理论课教师，有“灭绝师太”的绰号，大家都知道她的厉害。

本来在国内读大学的时候，老师每次上课至少花半小时说我们没有翻译理论基础，翻译出来的文句没有生命的活力，死气沉沉。这使我这一生轻视翻译理论，更不重视翻译实践。大学毕业后，我带着自己理解的翻译理论来到了大洋彼岸的英国，遇到加西亚博士，学了一个学期的《翻译问题研究》。

很快，我们就迎来了期中考试。考的第一门就是写一篇2000字的翻译评述。我根据自己的想象写了一份两千多字的自我感觉极好的翻译报告交了上去，然后静候佳音。

一个月后拿到了分数：46分。安娜的评语是“非常难懂，不知所云。”怎么回事？我的英语八级都过了的啊！但我们专业四个中国人挂了仨，唯一过的那个还是勉强过的及格线。太欺负中国人了！

没办法，安娜有生杀予夺的大权！人在屋檐下，哪能不低头啊！改！你说我行文难懂，我改；你说我哈佛注释格式不对，我改；你说我逻辑不好，我改；你说你看不懂，我改。为此我常常凌晨两三点还坐在电脑前，早上6点蓬头垢面起床，第一件事情就是先看看论文。甚至有一天因为熬夜太久空腹喝咖啡，我一整个晚上头痛胃痛，又拉又吐几乎没睡，第二天旷课继续写论文。

好痛苦啊！因为安娜说“这个专业的根本就是语言”，身边同学的英语几乎个个都是呱呱叫，跟他们比起来，我的英文简直太差了。第一次失败，我以为是种族歧视，有点慌神了；这次这

么努力，没想到又没通过，而且仅仅只差1分！整个班级哀鸿遍野。

我的中国小伙伴都是纷纷泪目；学霸英国人竟然只拿了69分，而且理由很奇葩：不能让她优秀，因为她太骄傲！这是什么逻辑！我们决定先建个群，大家商量好之后到系主任那里去上诉。

一个好消息是，听说安娜被系主任批评了一顿；一个坏消息是，考核结果不变。

忍无可忍，无须再忍。我和朋友拿着论文去找安娜理论。我问她："老师，到底是哪里表述不清？哪里语句不通？请给我指出来。"她似乎有些紧张，只是支支吾吾笼统地说："全都不清楚。"

这什么话！我又问安娜："老师，你觉得我的语言欠缺在哪儿？"

"你是我见过的中国学生里英文最好的，但是，"她停顿了一下，"比起那些地道的英国人而言，你的英文表述还是远远不够。"

她总算说了实话。而这真的是我弱项，但考试写在纸上的作业，我是没错啊！

我继续问道："安娜老师，那你觉得我离及格差1分的距离远吗？"

"不远。只要你把我提的问题改了就可以及格了。"她淡淡地说道。

经过两次大的折腾之后，我终于在补考中艰难通过。

那天，我望着西斜的太阳，心里五味杂陈。没有太多的喜悦，忽然觉得挂科补考其实也没那么可怕。也许是自己太过自负，人生第一次补考，所以它看起来才那么面目可憎，着实煎熬。也许

是自己以前的求学之路太平坦了，太顺利了，所以这样的挫折就会让自己心灰意冷。

我胡思乱想着，漫无目的，也不知道是如何走回宿舍的。

我回去后，睡得昏天黑地，三天三夜都没起床，同宿舍的人以为我死了。

一觉醒来发现窗外阳光灿烂，百鸟争鸣，心情较好，就爬起来找了点吃的，开始整理课堂笔记和翻译作业。

后来我在英国求学的课程全部通过。安娜对我的毕业评价是："语言精准，条理分明，逻辑严谨，尽管存在格式上的细小错误，但总体优秀。"话说得好听，却只给了60分，但这一次还是让我小有成就感和安全感。

虽然已经毕业，但是我对安娜的为人处世依旧无法释怀。不管怎么说，在英国求学很是煎熬，心累，很痛苦，丝毫感觉不到学习的乐趣。但是一个无可争辩的事实是，我的英文写作水平、口语翻译能力、逻辑思维能力都得到了明显的提升。我不知道求学故事是好是坏，但有一点要说的是，我成长了！

记得湘楚雁丽说过，人生，是一条不断跋涉的路，有风雨，有阳光，有泥泞。内心，是一个辽阔的天空，当你心里装着四季的时候，才能在花开花落中，学会接受和懂得，在风雨中坚强，阳光下才会明媚，人生有四季才会丰腴。走在滚滚红尘，总会遇到很多不顺心如意的事情。只要拥有一颗赤子之心，生命里就会充满纯真和真诚善良。

一分耕耘，一分收获

“宝剑锋从磨砺出，梅花香自苦寒来。”没有辛勤耕耘，就不会有丰硕的收获。当我们看到别人取得收获的时候，“与其临渊羡鱼，不如退而结网”，想想自己该如何去做，才能不辜负这大好年华，才能不虚度自己的生命。一分耕耘，一分收获，付出一份劳力，就会得一份收益，无论成功与否，都是积累的过程。没有准备的人生，纵然机会已经来到你的面前，你也会与之失之交臂。

愚公移山的故事

相传，很久很久以前，在山西省境内，耸立着太行山和王屋山，绵延700余里，高超过万丈，高耸入云。

有位名叫愚公的老人，已经快九十岁了，很不巧的是，他家的门正好面对着这两座大山。由于大山的阻塞，出行极其不方便，要绕很远很远的路。这使得全家人极为苦恼。

为此，他将全家人召集到一起开家庭会议，来共同商议如何解决这个问题。大家议论纷纷，七嘴八舌，意见难以统一。这时愚公朗声说道：“不就是两座大山嘛！能有多大的困难！只要我们全家人齐心合力，就一定能搬掉屋门前的这两座大山，开辟一条直通豫州南部的大道，一直到达汉水南岸，大家以后出去就非常方便了，你们说可以吗？”

大家又是一阵议论，表示赞同这一主张。这时，愚公的老伴

有些担心，她瞧着丈夫说：“老头子啊，你这么大年纪了，靠您这把老骨头，恐怕连魁父那样的小土丘都削不平，又怎么能搬得走太行和王屋这两座大山呢？你这不是异想天开吗？再说了，您每天挖出来的泥土石块，又往哪儿搁呢？又有哪个地方能放得下这么多的泥土和石块？”

儿孙们听后，争先恐后地抢着回答：“没关系啦！我们都有办法的。办法总比困难多嘛！我们将那些泥土、石块都扔到渤海湾和隐土的北边去不就行了？”大家意见一致，方法也一致。

决心既下，愚公和大家一起吃了个饱饭，就与子孙三人拿起扁担，挑上箩筐，扛起锄头开始干了起来。他们砸石块，挖泥土，用藤筐把石块和泥土一趟趟地运往渤海湾倒下去。

愚公一家干得热火朝天。这时他家有个寡妇邻居，只有一个七八岁的小男孩，也跳跳蹦蹦地赶来帮忙，工地上欢声笑语，好不热闹！任凭寒来暑往，一年又一年，愚公祖孙和小男孩都很少回家休息。他们只有一个目标：挖掉两座大山，打通出行的道路！

河曲住着一个名叫智叟的人，看到愚公率子孙每天辛辛苦苦地挖山，感到十分可笑。他好心地劝阻愚公说：“愚公啊！你也真是傻帽到家了！你看你这一大把年纪，已经是风烛残年，恐怕连山上的一棵树也拔不动，你又怎么能搬走这两座山呢？真是太不自量力了。”

愚公听后，看着面前这个老头，不禁长长地叹了一口气。他对这个好心的智叟说：“你这个人啊，胸无大志，目光短浅，思想简直是到了顽固不化的地步，还不如那位寡妇和她的小儿子哩！是的，我确实是没几天活头了。但是我死了以后有儿子，儿

子又生儿子，孙子还会生儿子，这样子子孙孙生生不息地繁衍下去，是没有穷尽的。而眼前这两座山却是再也不会长高了。只要我们坚持不懈地挖下去，还愁挖不平吗？”面对愚公如此铿锵有力的话语，智叟面红耳赤，无言以对。

这件事情传到了山神的耳朵里，他害怕愚公每天这样不停地挖山，会把山挖掉，便去向玉皇大帝禀报。玉皇大帝手拂长须感慨万千：“这个人真是了不得！有这样的人在，世界上还有什么事情是困难的呢！”他明显被愚公的精神感动了，于是就派两个大力神来到人间，将这两座山给背走了，一座放到了朔方的东部，一座放到了雍州的南部。

从此以后，冀州以南一直到汉水南岸，就再也没有高山挡道了。愚公的愿望终于实现了。

愚公移山，这是中国流传数千年的一个神话故事，反映了中国人改天造地的顽强决心和斗志。正是愚公一家不停地劳作，多少年奋斗不息，才最终实现了自己的梦想。路是一步一步走出来的，饭得一口一口地吃，幸福也是一点一滴努力得来的。一分耕耘，才会有一分收获。天上是永远不会掉馅饼的。下面讲一个懒惰致贫的故事。

在一户勤劳的家庭中，一对夫妻俩勤勤恳恳，起早贪黑，成天到晚地工作着，因此没过几年，这一家子便富了，创下了一份比较丰厚的家产。

但是他们非常溺爱自己的独子。这个孩子饭来张口，衣来伸

手，不事劳作，养成了懒惰贪吃的坏习惯。

老两口去世后，他便成天吃喝玩乐。饿了吃父母留下的粮食，冷了穿父母留下的衣服，过着神仙一般的快活日子。照这个速度下去，再多的财产也不够挥霍，就是金山银山也有消耗殆尽的时候。因此过了两年，也就是腊八这天，他只剩下了一碗粥。最后被饿死、冻死了。

没有吃不完的饭，没有穿不破的衣。这个懒汉的下场就是不劳而获者造成的。一分耕耘，一分收获。不耕耘，就想得到收获的成果，在现实生活中是永远都不可能的。

无论何时，你都要对自己抱有强烈的希望

这个世界是残酷的。人生来就是受苦的。既然受苦，就免不了会有各种各样、程度不一的磨难在等着你。

作为人，我们都是不完美的，因此我们要接受不完美的自己。孤独时给自己安慰；寂寞时给自己温暖。生活不是只有温暖，还有风霜雨雪。人生的路永远不会平坦。在这个时候，绝望都比希望更容易驾驭人的内心，因为绝望了，你的整个思维也就全黑了，然后天也黑了，地也黑了，空气也黑了。但只要你无论何时何地都对自己有信心，懂得珍惜自己，知道自己的价值，那么不完美的世界也能有温暖如初的依恋。

挫折让他奋起

约在10多年前，他有个多年深交的好友，是生意人，事业做得很大，住豪宅，出入有名车。因为信任，他借给好友1800万元便于周转。没想到两个月后，这位“好友”从人间蒸发了，信息全无，听说是为了躲债跑到国外去了。

这真是人在家中坐，祸从天上来。1800万中有800万是这位朋友拉下脸向亲朋好友借来的。这笔债务瞬时成了压垮他的一根稻草。

事情发生之后，朋友很消沉，觉得人生陷入了绝境。他开始封闭自己，不与人交往，每天自斟自饮喝闷酒，心中充满了怨恨。直到他听了一场演讲，他的观念才彻底发生改变。

故事是这样的：

有个人开车回家。车子行驶在高速公路上，紧跟在一辆大货车的后头。货车上堆满了重物。不幸发生了，就在大货车拐弯的时候，车顶装载的货物随着惯性瞬时落了下来，这个人避让不及，车子撞上沉重的货物变得失控，一头穿过隔离带，翻滚到高速的另一侧。这个人受了重伤。

为了求生，这个人的双腿不得不锯掉，人生的后半辈子将在轮椅上度过。他万念俱灰，对社会充满了怨恨。后来这个人的老师来看他，希望他能从痛苦中解脱出来，于是问了他几个问题。

老师问道：“回家的方式很多，是谁选择开车上高速路的？”

“是我。”他小声回答。

“是谁决定在这个时间段回家的？”

“是我。”

“回家的路有若干条，是谁选择走高速公路的？”

“是我。”

“高速公路上的车子这么多，都知道跟车的危险。是谁选择跟在大货车后面的？”

年轻人低着头说：“还是我。”

“东西没有绑好，可能会落下来，这是已发生的事实，”老师继续说道，“如果没有砸到你，也可能会砸到别人。但此刻的结果是谁让它发生的呢？如果你不选择在这个时间上路，你不选择走这条路，你不选择跟在大货车后面，甚至保持足够的安全距离，那么即使东西掉下来，你也不会受伤，对吗？这起重大事故，你认为自己该不该负责任呢？”

老师的话环环相扣，使得朋友如醍醐灌顶般突然醒来。是的！是他自己借这1800万元给朋友的！这怪不得别人！要怪就只能怪自己遇人不淑。

朋友决定自己扛起一切责任。而就在想通了的那一刻，所有的怨恨都烟消云散了。他到理发店专门理了头发，又到商场买了一套新西装，重新开始为事业打拼。

这个时候的朋友经历过挫折，比以前更努力，也更谨慎了，不仅在短时间内还清了所有债务，而且现在已是一家大型房地产公司的董事长了。

人的一生并不都是一帆风顺的。每个人多多少少都会遭遇一些艰难险阻。你可以诅咒老天爷不公平，也可以选择怪罪别人，但这些都于事无补。最好的办法就是从这些挫败中吸取教训，为

自己负起责任，那么这个教训不管代价多少，都是物有所值的。

所以，年轻的朋友们，从现在开始停止埋怨吧，擦干眼泪，你的人生将从此与众不同！

拥有梦想，坚信未来一定更美好

一个拥有梦想的人，就会朝着自己努力的方向进发，就会动力十足。而有些人虽然有梦想，但他们总是真的在“梦”，在“想”，却没有付诸行动，而是懒散懈怠，而最终只能梦想成空。

世界著名寓言家克雷洛夫曾经说过：“现实是此岸，理想是彼岸，中间隔着湍急的河流，行动则是架在河上的桥梁。”对于这个道理大家都很明白，但是能够把梦想坚持下去的却寥寥无几。很多人都被淹没在了生活的长河之中，彼岸变得遥不可及。

来自乡村的一个年轻人去拜访著名大诗人爱默生。这个年轻人说自己非常喜欢诗歌，在自己七岁的时候就已经在创作诗歌了，但由于自己生活在闭塞的乡下，苦于无法得到名师的指点。素来仰慕大师已久，故前来拜访大师。

爱默生看到眼前的年轻人谈吐优雅、文质彬彬，于是非常热情地接待了他。在离开的时候，年轻人留下了自己创作的诗歌，希望大师能够指点一二。

爱默生看了年轻人的几页诗稿以后，感觉这个年轻人在文学上前途无量，于是他决定帮助年轻人成就自己的事业。

爱默生将年轻人的诗稿推荐给文学刊物，但发表后却反响平平。于是他写信鼓励年轻人不要气馁，并希望年轻人还要将自己的作品寄给他。就这样，他们两人开始了频繁的书信来往。

年轻人的每封信都洋洋洒洒写好几页，爱默生看到他的书信里面那激情洋溢的文字，才思非常敏捷，爱默生更加肯定他一定会在写作事业上有所成。在文学聚会上，爱默生大加赞赏年轻人的才华，在与朋友交谈的时候，也经常提起这位年轻人。因此年轻人很快在文坛上享有了一些名气。

从此以后，这位年轻诗人却再也没有给爱默生寄过诗稿，而他的信却越写越长，奇思妙想，也层出不穷。后来这个年轻人语气越来越傲慢，在信中竟开始以著名诗人而自居。

“你的稿子为什么一直没有寄来呢？”爱默生问他。

“我正在创作一部长篇史诗。”青年诗人踌躇满志地回答。

“我感觉你的抒情诗写得非常有特色，为什么不坚持下去呢？”

“老是写那些小情诗有什么意思呢？要想成为一名大诗人，就必须写长篇史诗。”

“你认为写抒情诗很容易吗？”

“是的，我是一个大诗人，应该写一些大作品。”

“哦，那祝你走运！希望能尽早读到你的大作品。”

“不会等太久的。第一步我已经完成了，它很快会发表的。”

在一次的文学聚会上，青年诗人高谈阔论，逢人便谈到他的伟大作品。虽然他的作品还没有发表，甚至就是那几首由爱默生推荐发表的小诗，也很少有人读过。他的谈吐让所有人都感觉到了他的才华与锋芒，他大出风头，一致让每个人都认为他必成大器。

虽然，青年诗人和爱默生的通信一直都没有间断，只是青年诗人再也没有提过他那部长篇史诗。他写的信也越来越短，语气中充满了沮丧。后来他在信中跟爱默生坦白，他已经很久没有再写诗了，他提起的那部所谓的长篇史诗，只不过是他的空想罢了。

信的结尾还写道：“谢谢您对我的赞赏。周围的人都认为我很有才华，都认为我前途一片光明，我也这么认为。于是我想象着自己就是一个不可一世的大诗人了。可是在现实中，我却一个字也写不出来。”

每个人都有自己的人生目标，但所有的人并不是为了实现自己的人生目标而付诸行动。有些人只会沉浸在空想之中，只会要嘴皮子，用嘴来描绘自己的胸怀壮志，却没有任何行动，在他们的嘴中，时机总是不成熟，总是缺乏条件，总是在冥思苦想如何才能有所成就。殊不知，没有行动，就一事无成啊！

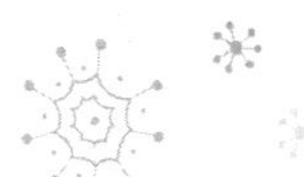

欣赏最美的人生风景

经历过多少苦难，就可能收获多大的享受；经历最残酷的考验，才能看到最极致的风景，就像《我的前半生》里的罗子君，三十年前享尽人世间的繁华，后半生就被逼进最残酷的人生中，品尝人间最极致的苦，也欣赏到了人生最极致的风景。

只有站到山顶，你才能看到极致的风景

他出生于广东鹤山市，家庭普通，父母都是老实巴交的邮政职工。父母的身高都在一米七以上。因为遗传，他生下来就比同龄人高，这让他处处居高临下、傲气凌人。

因为父母工作调动的关系，他两岁时随父亲来到中国改革开放的窗口——深圳。

三岁时，他就学会了拆解家里的电器，四岁时非常顽皮，经常把小朋友打得跪地求饶。他进幼儿园才一周，就成了园里令老师头疼的“刺头”。同学们都不喜欢他，避而远之。老师经常打电话给家长，让家长到学校去。

因为这，他已经没有什么朋友了，也找不到玩耍的乐趣，这成了他人生的一次挫折，于是他索性玩起了篮球。篮球不会说话，也只有篮球才是他唯一的朋友，他有什么快乐和忧愁的事，都会在运球的时候大声说出来。在他看来，那是很正常的事，但别人在背后却骂他神经病。

七岁那年，他拜深圳最有名的体育老师为师学习篮球。

他没有朋友，但是他坚信自己一定能闯出一番天地。他对母亲信誓旦旦说：“妈妈，不出 10 年，你们就会看到我将成为中国篮球史上最有价值的球员！”

他的话在当时的家人看来，只是对自己毫无意义的安慰。因为那时的他没有任何让人羡慕的成就，家人也看不出他有什么潜力。

十岁时，他身高已经有一米八。他始终没有放弃自己的梦想，他和几个爱好篮球的小伙伴组建了一支篮球队，他取名叫“梦之队”。队伍组成后，他们就在老师的指导下开始了紧张的训练。

父亲看在眼里，高兴的是他从儿子身上看到了未来美好的希望；担心的是他顽皮的儿子因为练球而荒废学业。

为了监督他学习，父亲不得不经常请假去学校偷偷看望他。

后来发生的一件事情足以影响到他的一生。

十二岁生日那天，父亲带他去游乐园玩。走到门口，父亲突然问他要不要到山顶去，因为那里的体育馆正在举行一场少年职业比赛。但是等观光车的人太多，等了很久还没位子，所以父亲突然提出抄近路走，这样时间还能快一点。

他很惊讶，这里哪有近路啊？他来过几次，从来就没有发现父亲所说的近路。父亲笑了，带着他拐了一个弯后指着一处陡坡说，近路就在这里。

“这里？”他愣住了。

父亲没有理他，抓住身边树上垂下的粗藤条，“嗖”的一声就翻上去了。他来了兴致，也学着父亲翻过去了。

几分钟后，他们走到了体育馆的前面。

父亲指着来的那条不是路的“路”，语重心长地对他说：“孩子，如果大家都去坐观光车，速度太慢了。就算坐上了，也会被别人远远甩在了后面。”父亲停了一下，眼光看着远处起伏的山峦，继续说道，“既然都是到山顶，为什么我们不选择更快的方式呢？比如前面有荆棘和陡坡，你也许会跌倒，但只要坚持，你总能比别人抢先到达，形成自己的优势，你说对不对？”父亲的话震撼了他。

回来后，他积极报名参加了深圳街头篮球赛。虽然第一轮就被淘汰了，但他没有灰心，而是与队友击掌发誓明年再来。

世有伯乐，然后有千里马。千里马常有，而伯乐不常有。回到家不久，深圳体校戴忆新教练突然登门拜访收徒。由于戴忆新教练科学而系统的训练，他的球技进入了快车道。

2001 年，身高达两米二的他被选入了中国国家青年队，在 2005 年到 2006 年的比赛中，他以优异的成绩成为了 CBA 史上最年轻最有价值球员，实现了自己对家人的承诺。

2007 年 8 月，他签约密尔沃基雄鹿队，成为继王治郅、巴特尔、姚明之后，第四位进军 NBA 的中国球员。他就是中国篮坛新一代“人气王”——易建联。

凭借血肉之躯，硬拼出属于自己的生机

这是一个弱肉强食的世界。竞争是通用法则。植物为动物所吃，提供食物来源，但是有的植物为保护自己，会分泌出毒素。小动物成为大型食肉动物的食物来源，但是小动物为了生存，要么有坚硬的外壳，要么有非同一般的跑跳能力。这些外壳或者跑跳的能力能为弱小动物的生命安全提供最有限的保护。

存在即是合理。大自然的生物丰富多彩，种类繁多。它们之所以历经数百万年而不毁灭，就是因为它们有着独特的生存能力，而非我们人类理解的弱势群体。它们凭借着自己练就的本领硬拼出属于自己的生机，让生命在那一刹那间绽放光华。

人类是万物之灵，地球的主宰，高居于食物链的顶端，对于地球上的一切生物具有生杀予夺的大权和能力。可是，在人类的

世界，同样存在着竞争。西方资本主义的本性是贪婪，为了一己之私，对其他小国发动战争来掠夺资源，完全不顾自己人民的死活，把人们的子女送到前线充作炮灰。即使在和平时代，竞争的影子也是无处不在。人们为了生存，为了企业的生存，为了公司的生存，也是无所不用其极。竞争释放了人类的活力，但也破坏了人类的和谐，使得人类筋疲力尽。但凡九死一生闯过了竞争的险滩，前途基本就是一片光明。所以，挫折、失败是人生必经的一道坎。

1864年9月3日这天深夜，瑞典首都斯德哥尔摩市郊一片寂静。突然爆发出“轰轰轰”一连串震耳欲聋的巨响。人们惊恐地看到熊熊的火苗直往上蹿，滚滚的浓烟霎时间冲上天空，仅仅几分钟时间，一场惨祸发生了。

当惊恐的人们和消防队员赶到出事现场时，只见原来屹立在这里的一座工厂已变成废墟，无情的大火烧毁了一切。

在废墟旁边站着一位三十多岁的年轻人，面无血色，浑身不住地颤抖着。这突如其来的惨祸和过度的刺激已使他惊恐万状。

这个大难不死的青年人就是后来闻名遐迩的大化学家诺贝尔。

诺贝尔眼睁睁地看着自己所创建的硝化甘油炸药的实验工厂化为灰烬。人们从瓦砾中找出了5具尸体，其中一个是他正在大学读书的、活泼可爱的小弟弟，另外4人也是和他朝夕相处的亲密的助手。烧得焦烂的5具尸体惨不忍睹。

得知小儿子惨死的噩耗，诺贝尔的母亲悲痛欲绝。年迈的父亲因大受刺激而引起脑溢血，从此半身瘫痪。这一切令诺贝尔备受摧残。

惨案发生后，斯德哥尔摩警察当局立即封锁了出事现场，并严禁诺贝尔恢复自己的工厂。人们开始像躲避瘟神一样避开他，再也没有人愿意出租土地给这个“疯子”进行如此危险的实验。诺贝尔的事业受到打击。

然而，诺贝尔在失败和巨大的痛苦面前却没有动摇。几天以后，有好事者发现，在远离斯德哥尔摩市区的马拉仑湖上，出现了一只巨大的平底驳船，驳船上并没有什么货物，而是摆满了各种设备，一个青年人正全神贯注地进行着神秘的试验。他就是在大爆炸后被当地居民赶走了的诺贝尔。

大难不死，必有后福。在令人心惊胆战的多次实验中，他发明了雷管。雷管的发明是爆炸学上的一项重大突破。诺贝尔没有连同他的驳船一起葬身鱼腹，他又在德国的汉堡等地建立了炸药公司。

由于雷管的发明，一时间，诺贝尔公司生产的炸药成了抢手货，源源不断的订货单从世界各地飞来，诺贝尔的财富迅猛暴涨。

任何事情都有两面性。老子说过：福兮祸之所伏，祸兮福之所倚。就在诺贝尔事业蒸蒸日上之时，不幸的消息接连不断地传来：运载炸药的火车因震荡，在旧金山发生爆炸，火车被炸得支离破碎；德国一家著名工厂因搬运硝化甘油时发生碰撞而爆炸，整个工厂和附近的民房变成了一片废墟；在巴拿马，一艘满载着硝化甘油的轮船在大西洋的航行途中，因颠簸引起爆炸，激起的巨浪使轮船葬身海底……

面对血腥的灾难和困境，诺贝尔没有被吓倒，更没有一蹶不振，在奋斗的路上，他已习惯了与死神朝夕相伴。他身上所具有的毅力和恒心，使他对已选定的目标义无反顾，砥砺前行。

正是因为诺贝尔顽强的精神，所以他在事业上赢得了巨大成功，一生有专利发明355项。他用自己的巨额财富创立了享誉世界的诺贝尔奖，被人类视为至高无上的荣誉。

在现实生活中，我们也在像诺贝尔一样为人生的理想不懈地奋斗，但遇到挫折和不幸时，我们普通人往往会选择放弃和退缩，那将一事无成。诺贝尔告诫我们："坚忍不拔的勇气是实现目标过程中不可缺少的条件！"

挫折会给人们带来实质性伤害，表现为失望、痛苦、沮丧不安等，易使人消极妥协。

一般来说，挫折情境越严重，挫折反应就越强烈；反之，挫折反应就轻微。正如巴尔扎克所说："世上的事情，永远不是绝对的，结果完全因人而异。苦难对于天才来说是一块垫脚石，对于能干的人是一笔财富，而对于弱者是一个万丈深渊。"

生活中既然要面对困难和挫折，怎样才能坚强呢？看看自然界的事物，不管在怎样恶劣的困境，都会顽强地生存。生存本身就是人生意义，生存就有希望。我们要相信自己是好人，一定比别人强，通过拼搏，肯定会活出自己的精彩。

努力拼搏，再苦再累，无所畏惧

很多人都羡慕花儿的芬芳，却不知道当初它的芽儿却浸满了奋斗的泪泉。冰心老人的这句话道出了深刻的人生哲理。今天人

们依然羡慕成功人士衣着光鲜，坐宝马，开奔驰，却不知道他们在成功的背后吃尽了苦头，要知道，世界上没有人能随随便便成功。

有这样一瓶辣酱，每日销量 130 万瓶，年销售额 40 亿。有这样一家公司，市值 160 亿，却仍旧不上市。有这样一位老奶奶，不曾上过一天学，大字不识几个，却能让全中国 14 亿人瞬间羞愧得面红耳赤。

她就是“老干妈”的创始人，陶华碧女士，她才是真正的“老干妈”。

1947 年，她出生于一个偏僻的乡村。陶华碧不曾上过一天学，苦练三天也只会写自己的名字。二十多岁的时候丈夫离世，带着两个年幼的儿子，陶华碧开始了看不到头的打工生涯。

1989 年，靠辛苦打工摆地摊存下来的一点钱，她亲自搬来一吨砖头砌成一个小餐馆，名为“实惠餐厅”。专门卖凉粉和冷面，为了让凉粉和冷面更好吃，陶华碧自制辣椒酱用来拌面，生意火爆得不行。

每次来的顾客都会问一句“辣椒酱还有吗”，而若是没有辣椒酱，老顾客几乎很少光顾。

货车司机们的口头传播显然是最佳的广告形式。“龙洞堡老干妈辣椒”的名号在贵阳不胫而走，很多人甚至就是为了尝一尝她的辣椒酱，专程从市区开车来公干院大门外的“实惠饭店”购买陶华碧的辣椒酱。辣椒酱的系列产品开始成为这家小店的主营产品，辣椒酱产量供不应求。

让陶华碧办厂的呼声越来越高，以至于受其照顾的学生都参与到游说“干妈”的行动中。1996 年 8 月，陶华碧借用南明区云关村村委会的两间房子办起了辣椒酱加工厂，牌子就叫“老干妈”。

无论是收购农民的辣椒，还是把辣椒酱卖给经销商，陶华碧永远是现款现货。“我从不欠别人一分钱，别人也不能欠我一分钱。”从第一次买玻璃瓶的几十元钱，到现在日销售额过千万，她始终坚持现款现货。

如今，“老干妈”已经成为了一个年销量 40 亿的大公司，每年光向政府交纳的税额就高达 18 亿，每年用来制作辣椒酱的辣椒高达 1.2 万吨，养活了不下 800 万户农民。

更重要的是，老干妈从来不打广告，从来只靠味道说话。她在行业里没有一个对手，而且每年拿 3000 万出来打假，与湖南某一老干妈厂就打了 3 年的官司。后来吸取教训，注册了 114 个商标。一个大字不识的农妇，靠自己的勤勤恳恳创立了 160 亿的商业帝国，想想都让人不可思议。

“老干妈”陶华碧女士没有什么背景，也没什么文化，那么她为什么能成功呢？我想，全中国只要四肢健全的人都会汗颜。她认定目标，有爱心，做得多，说得少，真诚待人，再苦再累，始终真正把客户当作上帝，从不耍“精明”，大智若愚，而且努力打拼，成就了自己。